新时代大学计算机通识教育教材

曹成志　宋长龙　主　编
邹　密　吕　楠　副主编
刘向东　李　锐　参　编

基于互联网的数据库及程序设计实践指导与习题解答

第3版

清華大學出版社
北京

内 容 简 介

本书是《基于互联网的数据库及程序设计》(第 3 版)(ISBN 978-7-302-66407-9)的配套教材,主要帮助学生解决数据库、网页设计中上机实践的难题。本书以人才招聘网站为实例,内容包含 MySQL 数据库管理与维护、数据查询及统计分析、PHP 程序设计、网站及网页设计等。实验类型有验证性、设计性和创新性三类。结合二十大"实施科教兴国战略"精神,为"全面推进中华民族伟大复兴"培养数据库技术的"大国工匠"奠定基础,在实验项目中恰当地融合了相关的思政元素。每个实验项目都有实验目的、实验任务、任务分析、预备知识、技能点、注意事项、实验步骤和思考题。全书最后配有主教材的习题解答。

本书适合作为高等院校的辅助教材,也可作为计算机等级考试、IT 技术培训、学生自主学习和 MOOC 授课的辅助教材和参考书。

图书在版编目(CIP)数据

基于互联网的数据库及程序设计实践指导与习题解答 / 曹成志,宋长龙主编. -- 3 版. -- 北京 : 清华大学出版社, 2024. 7. --(新时代大学计算机通识教育教材).
ISBN 978-7-302-66668-4

Ⅰ. TP311.138-44

中国国家版本馆 CIP 数据核字第 2024SZ3927 号

责任编辑:袁勤勇
封面设计:常雪影
责任校对:刘惠林
责任印制:丛怀宇

出版发行:清华大学出版社
网　　址:https://www.tup.com.cn,https://www.wqxuetang.com
地　　址:北京清华大学学研大厦 A 座　　**邮　　编**:100084
社 总 机:010-83470000　　**邮　　购**:010-62786544
投稿与读者服务:010-62776969,c-service@tup.tsinghua.edu.cn
质量反馈:010-62772015,zhiliang@tup.tsinghua.edu.cn
课件下载:https://www.tup.com.cn,010-83470236

印 装 者:三河市铭诚印务有限公司
经　　销:全国新华书店
开　　本:185mm×260mm　　**印　　张**:12.25　　**字　　数**:300 千字
版　　次:2016 年 9 月第 1 版　　2024 年 8 月第 3 版　　**印　　次**:2024 年 8 月第 1 次印刷
定　　价:58.00 元

产品编号:098673-01

前　言

本书以数据库及网页设计技术的各种应用案例为基础，融合思政教育及二十大精神元素，以培养数据库及网络程序设计的爱国工匠为宗旨，对学生的计算机应用技能进行系统的综合训练，以便学生尽快掌握数据库技术及程序设计技巧，提高计算机技术的综合应用能力，为培养未来“大国工匠”奠定基础。

对于计算机技术应用学科，只要肯下功夫学习和上机演练就能练就一身真本事，没有什么高深奥秘可言。切记“不学不练没本事，只学不练假本事，学以致用才是真本事”。要想在国家“互联网＋”行动计划中占有一席之地，走在他人的前列，不仅要做互联网资源的享用者，还要使自己成为互联网的建设者和引领者，充分利用互联网技术解决专业领域的实际应用问题，只有努力成为本专业领域的互联网技术应用的精英，才能不被当今的信息时代所淘汰。

本书作为“十三五”吉林大学规划教材，为有志于投身互联网技术领域的读者提供实践资料，引领读者走向数据库、网页设计及其程序之路，为读者尽快掌握互联网的基础知识和基本技能，学会互联网应用软件的整体开发过程、总体设计思路和方法寻求一条有效的、快捷的途径。

以“任务、案例、问题求解和计算机应用”为目标，本书通过完成“任务”学习软件开发工具的操纵方法，掌握数据库、网页及程序的设计过程和技术方法，增强知识的连贯性和系统性，实现有的放矢，学以致用，提高学生自主学习的积极性和热情，解决学生实践中经常遇到的难题以及计算思维课程改革的实际“落地”问题，提升学生的实际应用和网站开发及设计能力。

本书是《基于互联网的数据库及程序设计》(第3版)的配套教材，由曹成志、宋长龙组织编写、修改和统稿，具体内容及参加编写的教师分工如下。

作　者	内　容
刘向东	第1单元　phpMyAdmin平台的配置与应用
曹成志	第2单元　数据库管理与维护
宋长龙	第3单元　SQL数据查询及统计分析
李　锐	第4单元　MySQL程序设计
邹　密	第5单元　静态网页设计
曹成志	第6单元　PHP程序设计

(续表)

作　者	内　容
吕　楠	第7单元　动态网页程序设计
刘向东	附录A　样式文件 Styles.CSS 中的代码
主教材作者	附录B　主教材习题解答

教材主要包含数据库应用、网页制作和网络应用程序设计3方面技术的实践指导及习题解答。实践指导部分有验证性、设计性和创新性实验题目60多个,每个实验都由实验目的、实验任务、任务分析、预备知识、技能点、注意事项、实验步骤和思考题构成。习题解答部分提供了主教材中700多道习题的解答。

在编写本套教材的过程中,得到清华大学出版社的鼎力支持以及吉林大学和闽南理工学院教师的大力帮助和指导,在此对他们以及一直关注本套教材的读者表示衷心的感谢。

由于时间仓促和作者水平有限,书中难免存在错误、遗漏或不严谨之处。如果由此给读者带来不便,深表歉意,并恳请广大读者指出不妥之处,并提出修改建议,以便促进我们改正错误,使工作做得更好。

作　者

2024年1月

目　录

第1单元　phpMyAdmin平台的配置与应用

数据库管理系统作为操纵数据库的软件，是网络应用、信息管理和办公自动化等软件的核心。MySQL是一种关系数据库管理系统，可以通过结构化查询语言(Structured Query Language，SQL)和可视化管理工具管理数据库。

phpMyAdmin是以PHP为基础，通过Web方式架构在网站服务器上运行的MySQL数据库管理工具，可以通过浏览器远程管理MySQL数据库，方便数据库维护。phpMyAdmin作为MySQL的常用管理工具需要Web服务器的支持才能使用，可以通过XAMPP(Apache＋MySQL＋PHP＋PERL)集成软件包统一安装。

本单元以人才招聘网站为例，采用XAMPP集成软件包搭建MySQL和phpMyAdmin运行环境，通过用户规划、数据库设计和数据库维护等操作，熟悉phpMyAdmin的数据库管理方法。

1.1　安装和配置MySQL环境

一、实验目的

通过XAMPP集成软件包的下载、安装和配置等操作，掌握搭建MySQL数据库操作环境和使用phpMyAdmin数据库管理工具配置数据库环境的方法。

二、实验任务

(1) 下载并安装XAMPP集成软件包。
(2) 使用phpMyAdmin配置MySQL数据库环境。

三、任务分析

搭建MySQL数据库应用环境并使用phpMyAdmin实现数据管理涉及多个软件工具，需要分别下载、安装并修改配置文件才能使用。用XAMPP集成软件包可以简化搭建过程，安装成功后，进行简单配置即可正常运行，适合网站设计的初学者。

四、预备知识

1. XAMPP 集成软件包

XAMPP 集成软件包是一个用于建设动态网站的集成软件包，包括 Apache 网页服务器、MySQL 数据库服务器、phpMyAdmin 数据库管理工具、FileZilla 文件传输工具、Mercury 邮件传输系统和 Tomcat 应用服务器等多个实现完整网站功能的软件模块，通过 XAMPP 可以统一下载、安装及配置文件设置，简化了各个软件的安装和配置过程。

2. XAMPP 控制面板

为了统一管理所包含的软件模块，XAMPP 软件包集成了控制面板。通过使用控制面板，可以实现相关软件模块的启动、关闭、配置以及查看日志等操作，控制面板如图 1-1 所示。

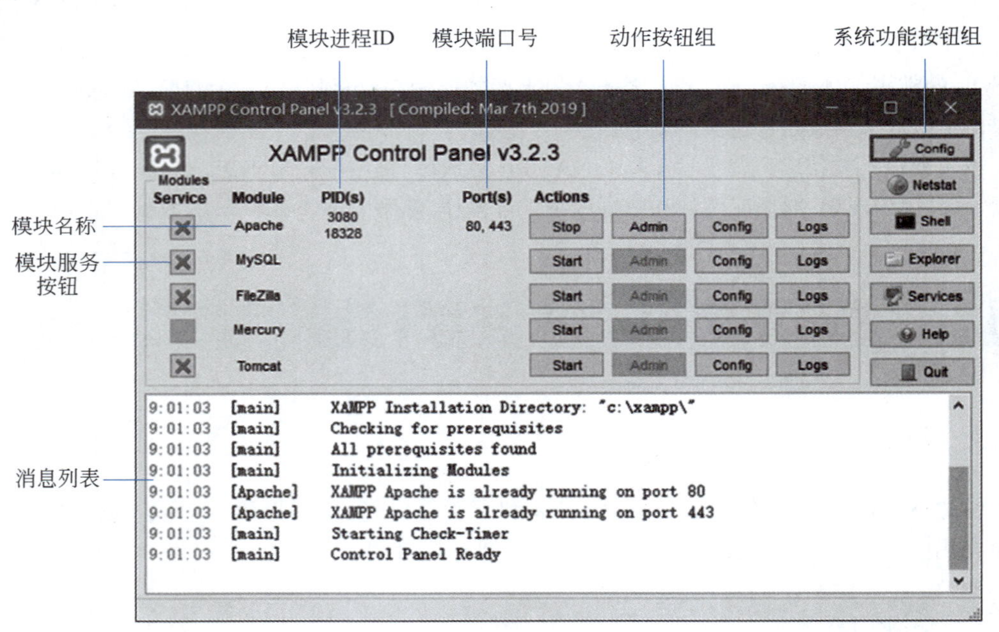

图 1-1 XAMPP 控制面板

下面介绍控制面板中的各功能。

(1) 模块服务按钮。设置或取消模块的系统服务，此操作需要管理员权限。若设置成功，显示为“√”，表示重启计算机系统时自动启动该服务。

(2) 模块名称。用于指明当前软件模块的名称，在软件已经启动后用绿色背景显示。

(3) 模块进程 ID 和模块端口号。指明当前模块的进程 ID 和所使用的端口号，只有软件服务启动后才会显示。

(4) 动作按钮组。用于对相关软件模块实施启动、停止、配置和日志等操作。

(5) 系统功能按钮组。用于调用命令行窗口、系统服务和网络状态等系统操作。

(6) 消息列表。用于显示当前软件服务状态和系统消息的列表。

3. phpMyAdmin 登录方式

phpMyAdmin 在 XAMPP 中的登录方式有两种：一种是默认的 config 身份验证模式。这种模式下，MySQL 用户名和密码以明文形式保存在 config.inc.php 配置文件中，登录时直接读取，不用输入用户信息。另一种是 HTTP 和 cookie 身份验证模式。这种模式要求用户必须先在登录窗口中输入 MySQL 数据库的有效的用户名和密码，才能使用 phpMyAdmin 程序。用户信息不需要明文写入配置文件，因此验证过程更安全。

4. 本地地址

通过浏览器访问网站时，网站中的每个页面都有一个网络地址，即网址。网址包含服务器地址和服务器下的路径及文件名称，如“www.jlu.edu.cn/index.php”。如果网站的服务器软件安装在本地计算机，则需要将服务器地址设置为本地地址。

本地地址也称为回路地址，用 localhost 作为访问地址，对应 IPv4 地址 127.0.0.1 和 IPv6 地址[::1]。网页服务器启动后，可以通过本地地址访问服务器首页。

五、技能点

（1）下载和安装软件。能充分利用互联网资源获取和安装 MySQL 运行环境。

（2）设置用户密码。为 XAMPP 管理页面和 MySQL 数据库设置密码，并用新密码登录 phpMyAdmin 数据库管理工具。

（3）配置 phpMyAdmin 登录方式。能够在控制面板中，通过修改配置文件 config.inc.php，设置 phpMyAdmin 登录方式。

六、注意事项

（1）初次使用 XAMPP 环境时，XAMPP 管理页面和数据库管理员账户都处于无密码状态。为了防止非法用户通过网络篡改服务器配置，确保数据库安全，必须尽快添加密码保护，并使用新密码登录 phpMyAdmin。

（2）在启动 Apache 或 MySQL 服务时，可能因多个进程使用相同的端口号，造成端口号冲突错误。单击系统功能按钮组的 Netstat 按钮可以查看所有系统进程端口号，通过关闭冲突进程或修改软件模块默认端口号可以排除冲突。

七、实验步骤

1. 下载和安装 XAMPP 集成软件包

（1）通过官方网站下载。打开浏览器输入 https://www.apachefriends.org/进入 XAMPP 官方网站，在首页上选择 Download 菜单→More Downloads→XAMPP Windows，即可选择不同版本的 XAMPP 集成软件包。本书使用的版本是 XAMPP 5.6.40 软件包。

(2) **安装XAMPP集成软件包。** 双击下载的XAMPP安装包,选择需要安装的组件,设置安装路径,如“D:\xampp”,等待安装过程结束即可。

2. 配置phpMyAdmin数据库管理工具

(1) **打开XAMPP控制面板。** 在XAMPP的安装目录下,找到xampp-control.exe控制面板程序,双击打开控制面板,如图1-1所示。

(2) **启动Apache和MySQL服务。** 在控制面板中分别单击Apache和MySQL动作按钮组中的Start按钮启动相应服务。若成功启动,则Start按钮转换成Stop按钮,在消息提示框中显示服务状态为running。

(3) **登录phpMyAdmin主页。** 在控制面板中单击MySQL动作按钮组中的Admin按钮,登录phpMyAdmin主页,如图1-2所示。

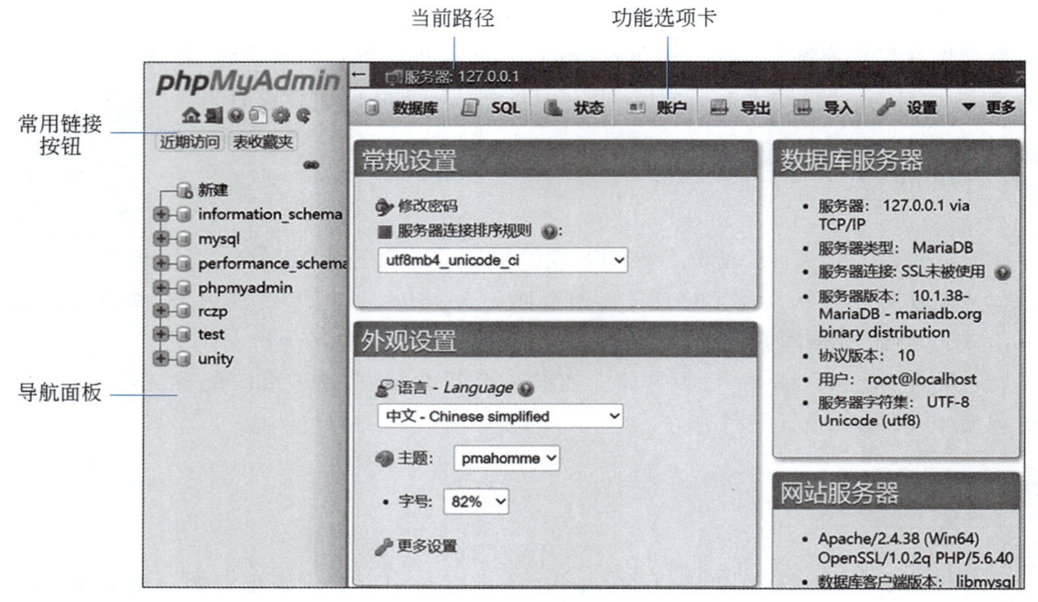

图1-2 phpMyAdmin主页面

(4) **添加密码保护。** 在主页中选择“账户”选项卡,进入“用户账户概况”页面(如图1-3所示),选择用户名root,主机名localhost后的“修改权限”链接,选择“修改密码”选项,输入两遍新密码,单击右下角的“执行”按钮,完成密码设置。此时在“用户账户概况”页面中可以看到密码列显示为“是”。

(5) **配置phpMyAdmin登录方式。** 在控制面板中单击Apache动作按钮组中的Config按钮,打开config.inc.php配置文件。在配置文件中通过Ctrl+F快捷方式查找配置项$cfg['Servers'][$i]['auth_type'],将值由'config'修改为'cookie'。重新启动Apache模块,打开phpMyAdmin主页并使用root用户和新密码登录。

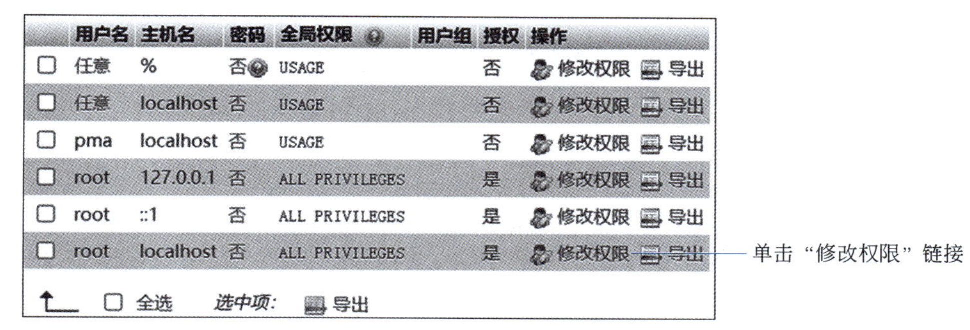

	用户名	主机名	密码	全局权限	用户组	授权	操作
☐	任意	%	否	USAGE		否	修改权限 导出
☐	任意	localhost	否	USAGE		否	修改权限 导出
☐	pma	localhost	否	USAGE		否	修改权限 导出
☐	root	127.0.0.1	否	ALL PRIVILEGES		是	修改权限 导出
☐	root	::1	否	ALL PRIVILEGES		是	修改权限 导出
☐	root	localhost	否	ALL PRIVILEGES		是	修改权限 导出

☐ 全选　*选中项:*　导出

图 1-3　用户账户概况

八、思考题

(1) 如果不使用 XAMPP 软件包,要成功运行 phpMyAdmin,需要安装哪些软件? 每个软件的作用是什么? 如何获取和安装?

(2) 如果不使用 XAMPP 控制面板,可以通过什么方式打开 phpMyAdmin 主页面?

(3) 修改 root 用户密码后,如果想更新密码,应该如何操作? XAMPP 目录的用户名和密码有什么作用? 如果不添加,会有什么后果?

1.2　规划用户及其权限

一、实验目的

通过 phpMyAdmin 数据库管理工具,为人才招聘网站添加数据库用户,掌握如何对网站的用户设置不同的权限。

二、实验任务

(1) 使用 phpMyAdmin 为 MySQL 数据库分别添加 AdminUser、WebUser 和 Visitor 用户并设置密码。

(2) 使用 phpMyAdmin 为新建用户设定管理员、业务用户和访问用户权限。

(3) 通过用户表查看用户信息。

三、任务分析

一个数据库应用系统应该有多种类别的用户。为防止用户非法访问数据,应该根据任务需求按照最小权限原则,为不同类型的用户授予不同的权限。人才招聘网站的访问用户根据数据库操作权限可以分为系统管理员、业务人员和应聘人员三类。

系统管理员用户需要执行服务器设置、创建用户和管理权限等操作,拥有最高级权限;业务人员用户需要数据表级别的所有操作以及执行存储过程和创建临时表的权限;应聘人员类用户只拥有单一的查询权限。

四、预备知识

(1) 最小权限原则。是指用户执行任务所需的最低级别权限。最小权限原则是系统安全中最基本的原则之一。

(2) MySQL 的权限管理。MySQL 的一个重要特性就是支持复杂的权限管理,将用户权限分为管理级权限、数据库级权限和数据表级权限。通过在不同级别中选择对应的数据库操作,实现多样化权限配置。此外,MySQL 通过用户名加主机名作为标识区分用户,用户在不同主机登录拥有不同的权限。

五、技能点

(1) 用户分类。为人才招聘数据库网站设计不同类型的用户并授予不同的操作权限。

(2) 创建数据库用户。用 phpMyAdmin 创建数据库用户,设置登录主机和密码。

(3) 分配用户权限。使用“按数据库指定权限”和“按表指定权限”为用户分配不同类别的权限。

六、注意事项

(1) root 用户属于管理级账户,默认只能在本地访问,不能通过网络远程访问,通常需要创建可在任意主机登录的管理员用户。

(2) 从安全角度出发,创建用户时一定要为用户设定密码。为防止其他用户通过访问用户表查看密码,通常需要使用加密算法生成密文进行存储。

七、实验步骤

(1) 创建用户。在 phpMyAdmin 主页中选择“账户”选项卡→“新增用户账户”选项,在弹出的对话框中设置用户登录信息:用户名为“AdminUser”,主机选择“本地”,设置登录密码,单击“执行”按钮完成用户的创建。用同样的方法依次创建 WebUser 和 Visitor 两个用户。

(2) 设定用户权限。打开“用户账户概况”页面,单击“AdminUser”用户后的“修改权限”链接。在“修改权限”页面,可以设置用户的所有操作权限,指定所能使用的数据库,以及修改和复制用户信息等操作。

AdminUser 为超级用户,拥有数据库服务器的所有权限。单击“全局权限”中的“全选”→“执行”按钮完成权限设置,此时“用户账户概况”页面的“授权”列,“AdminUser”的值变为“是”。

WebUser 和 Visitor 用户只拥有某个数据库级的权限，此处以 MySQL 数据库为例。WebUser 拥有 MySQL 数据库的数据管理权限。选择 WebUser 的“修改权限”链接→“数据库”选项，选择“在下列数据库添加权限”列表中的 MySQL 数据库，单击“执行”按钮，选中“数据”列的所有权限，如图 1-4 所示，再单击“执行”按钮。

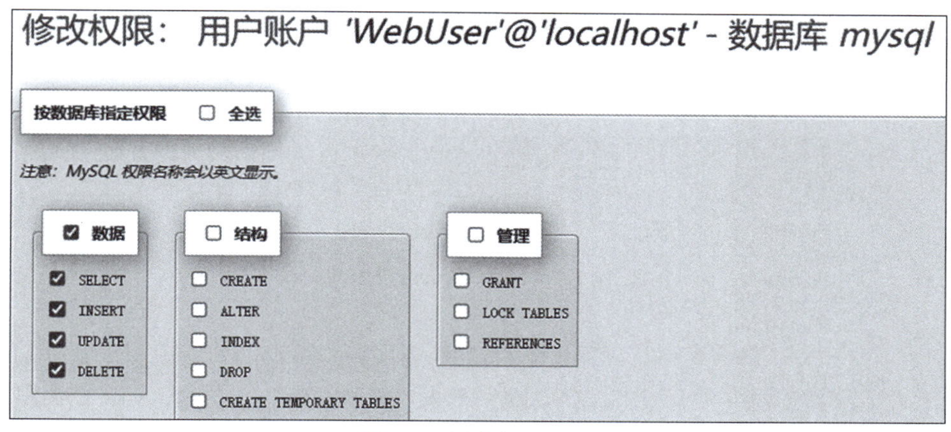

图 1-4　用户权限设定

Visitor 用户只拥有数据库的查看权限。在 Visitor 用户的“修改权限”页面中，选择“在下列数据库添加权限”列表中的 MySQL 数据库，单击“执行”按钮，只选中“数据”列的 SELECT 权限，再单击“执行”按钮。

（3）查看用户信息。在 phpMyAdmin 主页的导航面板中，选择 mysql 数据库→user 数据表，打开 user 表。分别找到 User 列值为 AminUser、WebUser 和 Visitor 的记录，可以看到所设定的主机、密码和所有操作权限。

八、思考题

（1）如何删除不符合要求的用户？如何修改一个用户的密码？

（2）为数据库添加多个具有相同类别的用户，如何简化操作？

1.3　设计人才招聘数据库及其数据表

一、实验目的

设计并建立人才招聘网站数据库和数据表，理解网站数据库的设计过程，掌握使用 phpMyAdmin 创建 MySQL 数据库及数据表的方法。

二、实验任务

（1）使用 phpMyAdmin 创建名为 RCZP 的人才招聘数据库。

(2) 按照表1-1～表1-4所示的设计要求,在RCZP数据库中创建相应的数据表。

表1-1 GWB表的结构

字段名称	数据类型	长度/值	设计说明
岗位编号	Char	5	非空值,GWB表的主键和主属性
岗位名称	Varchar	30	非空值
最低学历	Enum	'1','2','3','4','5'	默认值设为3。将"注释"列设为"1无要求;2专科;3本科;4硕士;5博士"
最低学位	Enum	'1','2','3','4','5'	默认值设为1。将"注释"列设为"1无要求;2学士;3双学士;4硕士;5博士"
人数	Tinyint	3	默认值设为1。非负值
年龄上限	Tinyint	2	默认值设为60。非负值
年薪	Mediumint	8	
笔试成绩比例	Tinyint	3	笔试成绩占总成绩的百分比值,非负值。"默认值"设为0;表示无笔试
笔试日期	Date		
聘任要求	Tinytext		
公司名称	Varchar	50	非空值,设置为索引

表1-2 GSB表的结构

字段名称	数据类型	长度/值	设计说明
公司名称	Varchar	50	非空值,GSB表的主键和主属性
地址	Varchar	50	非空值
注册日期	Date		
注册人数	Smallint	5	
简介	Text		
邮政编码	Char	6	
注销	Tinyint	1	默认值设为0。表示尚未注销
宣传片	Longblob		
用户账户	Varchar	50	网站注册用户名
密码	Varchar	40	网站注册密码

表1-3 YPRYB表的结构

字段名称	数据类型	长度/值	设计说明
身份证号	Char	18	非空值,YPRYB表的主键和主属性之一
姓名	Varchar	5	
婚否	Tinyint	1	默认值设为0。表示未婚

（续表）

字段名称	数据类型	长度/值	设计说明
最后学历	Set	'1','2','3','4','5'	默认值设为 1。将"注释"列设为"1 无要求；2 专科；3 本科；4 硕士；5 博士"
最后学位	Set	'1','2','3','4','5'	默认值设为 1。将"注释"列设为"1 无要求；2 学士；3 双学士；4 硕士；5 博士"
所学专业	Varchar	30	
通信地址	Varchar	50	
邮政编码	Char	6	
E-mail 账号	Varchar	30	
QQ 账号	Varchar	30	
固定电话	Varchar	20	
移动电话	Varchar	15	
密码	Varchar	10	
个人简历	Text		
用户账户	Varchar	50	网站注册用户名
密码	Varchar	40	网站注册密码

表 1-4　GWCJB 表的结构

字段名称	数据类型	长度/值	设计说明
身份证号	Char	18	非空值，GWCJB 表的主键和主属性之一
岗位编号	Char	5	非空值，GWCJB 表的主键和主属性之一
资格审核	Tinyint	1	默认值设为 0。表示尚未通过
笔试成绩	Tinyint	3	默认值设为 0。表示尚未参加考试或 0 分
面试成绩	Tinyint	3	默认值设为 0。表示尚未参加考试或 0 分

三、任务分析

建立数据库应用系统的首要工作是设计并创建数据库及数据表。对于人才招聘网站，根据网站功能将数据库分为岗位表 GWB、岗位成绩表 GWCJB、应聘人员表 YPRYB 和公司表 GSB。根据表 1-1～表 1-4 中设计的数据表结构，完成 RCZP 数据库和相关数据表的创建。

四、预备知识

（1）数据库编码类型。使用 phpMyAdmin 添加数据库、数据表和字段时，可以指定所含内容的编码类型，也称为整理规则。对于中文数据，可以采用不区分大小写的中文编码类型 gb2312_chinese_ci 或通用编码类型 utf8_general_ci。

(2) **主键。** 用于唯一标识表中记录的最少字段集,可以唯一确定一个实体。主键可以由一个或多个字段组成,分别称为单字段主键或多字段主键。主键中包含的字段称为主属性,在 phpMyAdmin 页面中,主属性加下画线标识。

五、技能点

(1) **设计数据表。** 根据数据库应用系统的要求设计所需的数据表结构。

(2) **建立数据表。** 使用 phpMyAdmin 建立数据库,并能按照数据表结构正确填写数据表中的字段信息,实现数据库中数据表的创建。

六、注意事项

(1) 对于中文数据,如果采用默认的整理规则,在数据显示时可能出现乱码或乱序的问题。因此在建立数据库和数据表时需要将整理规则设定为支持中文的编码类型。

(2) 在设计字段的长度、SET 类型值和默认值时,英文字母、数字和标点符号应一律以英文半角方式输入,否则可能产生语法错误。

(3) 在 phpMyAdmin 页面中,打开无记录的数据表时,"浏览"选项卡不可用,只能查看数据表结构,通过"插入"选项卡添加数据记录后才能使用。使用"操作"选项卡可以实现修改数据表名、修改整理规则、数据表移动和复制等操作。

七、实验步骤

1. 创建人才招聘网站数据库

在 phpMyAdmin 主页中选择"数据库"选项卡,打开"数据库"页面。在"新建数据库"的文本框中输入 RCZP,并选择编码类型 gb2312_chinese_ci,单击"创建"按钮完成人才招聘数据库的创建。成功创建的数据库会显示在 phpMyAdmin 主页面的导航面板,通过单击数据库名可以直接跳转到该数据库页面。

2. 创建数据表

(1) **创建岗位表。** 岗位表是人才招聘网站中用于保存招聘岗位信息的数据表。在导航面板中单击 RCZP 数据库,进入数据库页面。在"新建数据表"框架中,输入名字为 GWB、字段数为 11,单击"执行"按钮。在 GWB 表页面中(如图 1-5 所示),按照表 1-1 填写各个字段的名称、数据类型和长度等信息。单击"保存"按钮完成岗位表的创建。

每个表都应该有主键。如需要为表设置主键,首先在表页面中选择"结构"选项卡,在表结构列表中,可以通过单击字段名右侧的"主键"链接设置字段为主键。

(2) **创建公司表。** 公司表是人才招聘网站中用于保存招聘公司信息的数据表。按照表 1-2 所示的设计要求,参照步骤(1)中的操作过程建立 GSB 表。

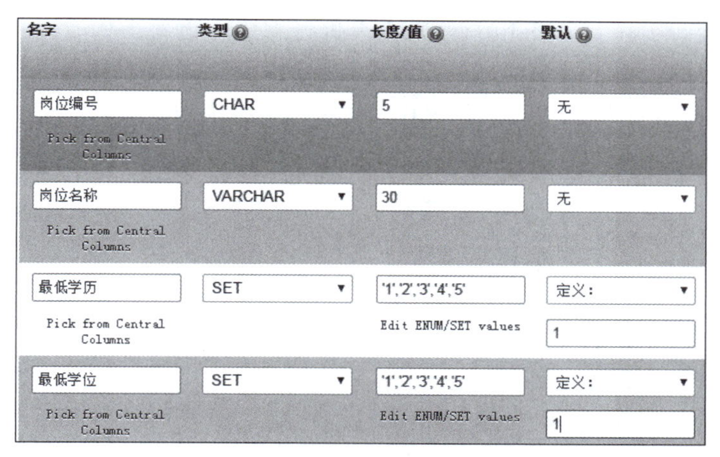

图 1-5　GWB 表结构页面

(3) 创建应聘人员表。应聘人员表是人才招聘网站中用于保存应聘人员信息的数据表。按照表 1-3 所示的设计要求，参照步骤(1)中的操作过程建立 YPRYB 表。

(4) 创建岗位成绩表。本书中的人才招聘网站可以为公司提供应聘人员考核成绩的保存功能，其数据保存到岗位成绩表中。按照表 1-4 所示的设计要求，参照步骤(1)中的操作过程建立 GWCJB 表。

八、思考题

(1) 如果要创建一个在线购书网站，其数据库和数据表应该如何设计？

(2) 如何修改一个已存在的数据库名称？如何修改数据表的名称？

1.4　设计人才招聘数据表间的关联及其参照完整性

一、实验目的

学习使用 phpMyAdmin 数据库管理工具在数据库的不同表之间建立关联的方法。理解表关联和参照完整性的含义。

二、实验任务

添加关联和参照完整性，完善人才招聘数据库的设计。

三、任务分析

为了保证数据库的一致性和完整性，数据表之间通常要建立关联，并设定关联的约束规则,即参照完整性。实施了参照完整性,对主表进行删除和更新操作时,关联的从表要做相应的改变,防止数据表由于用户的错误操作导致引用了不存在的数据。

MySQL数据库系统可以通过SQL语句创建关联和参照完整性,也可以通过phpMyAdmin中的“关联设计器”(如图1-6所示)实现可视化的快速创建。

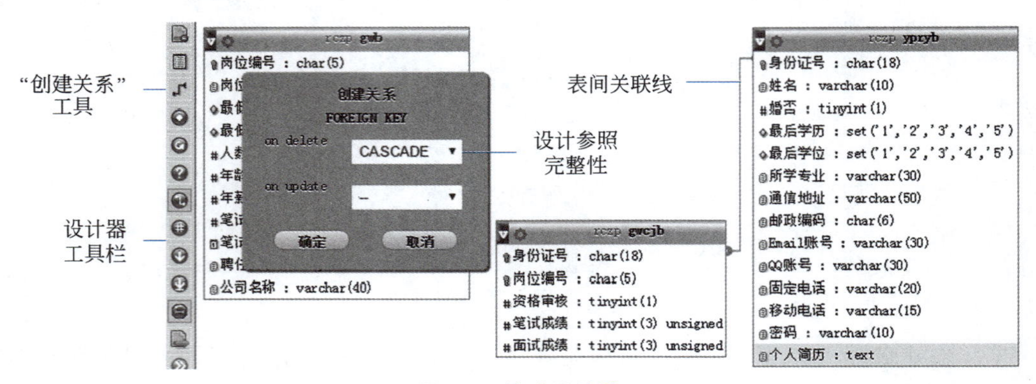

图1-6 关联设计器

四、预备知识

(1) 表间关联。在一个数据库中,不同数据表之间经常存在直接或间接的联系,表间关联就是通过两个表具有相同含义的字段建立起来的。例如,岗位成绩表的身份证号和应聘人员表的身份证号之间;岗位成绩表的岗位编号和岗位表的岗位编号之间等。通常主键所在的表为主表,外键所在的表为从表。

(2) 参照完整性。是表间关联的一种约束规则。当两个表建立关联后,更新、删除或插入表中的数据记录时,通过参照引用相关联的另一个表中的数据,检查操作是否正确。

五、技能点

(1) 设计数据表关联。能够根据数据库中所有表的结构,找出需要添加关联的数据表及对应的字段。

(2) 使用关联设计器。掌握phpMyAdmin中关联设计器的功能和常用工具的使用方法。

(3) 添加表关联和设定参照完整性。能够使用关联设计器建立数据表的关联,根据需求设定参照完整性。

六、注意事项

(1) 要在两个表之间添加关联,需要满足以下要求:两表中具有相同含义的字段都定义了索引,数据类型和长度要匹配,从表的外键值都在主表中。如果不满足这些要求,则无法添加关联。

(2) 要解除两个数据表的关联,可以通过单击“关联线”主键端点,打开是否删除的提示框，单击“确定”按钮后实现删除。

七、实验步骤

（1）在 phpMyAdmin 的主页面中，选择“数据库”→ rczp 数据库→“设计器”选项卡，打开人才招聘数据库的“设计器”页面。人才招聘数据库中的所有数据表及其表结构会自动显示到该页面中。通过鼠标拖曳表名所在的标题栏可以移动表的位置，单击表名所在标题栏的齿轮按钮可以进入表结构视图。

（2）在“设计器”页面左侧的“工具栏”中选择“创建关系”工具，在想要添加关联的数据表之间，先单击主表主键，再单击表外键的方式创建。在弹出的“创建关系”对话框中选择“确定”按钮，关联的表之间会显示一条关联线。

（3）用步骤（2）中的方法，以 YPRYB 表为主表，GWCJB 表为从表通过“身份证号”字段建立关联；以 GWB 表为主表，GWCJB 表为从表，通过“岗位编号”字段建立关联；以 GSB 表为主表，GWB 表为从表通过“公司名称”和“名称”字段建立关联。

八、思考题

（1）如何验证参照完整性对保持数据一致起到的作用？

（2）除了关联设计器，还可以通过什么方式添加数据表的参照完整性？

1.5 维护人才招聘数据库

一、实验目的

通过数据的输入、修改和删除等操作，验证数据表设计的合理性和参照完整性的作用。通过数据的导入和导出，掌握数据备份及不同软件间数据交换的过程和方法。

二、实验任务

（1）登录 phpMyAdmin 数据库管理工具，向人才招聘数据库的各表添加如图 1-7～图 1-10 所示的数据。

身份证号	姓名	婚否	最后学历	最后学位	所学专业	通信地址	邮政编码	Email账号	QQ账号	固定电话	移动电话	密码
11980119921001132X	王丽敏	0	4	4	金融学	北京西城区德外大街4号	100120	wlm@sina.com	1908530753	010-58581603	15888990157	5678
219901199001011351	郝帅	0	5	5	法学	园丁花园9号楼	130054	haoshuai@sina.com	1508522733		13788699916	hs168
229901199305011524	李丽丽	0	3	2	会计学	长春前进大街2099号	130012	LILI@sina.com	2508522733		13888699912	181818
229901199305011575	赵明	0	4	4	计算机科学与技术	长春人民大街99号	130021	zhaoming@sohu.com	2508522799		13587699915	168GO
229901199503121538	刘德厚	0	3	2	会计学	长春前进大街2699号	130012	ldh@jlu.edu.cn	2408522733	0431-85166032	13988699912	1234

图 1-7 YPRYB 表数据

名称	地址	注册日期	注册人数	简介	邮政编码	注销	宣传片
工商前进支行	长春市高新区	1991-10-01	20	于2010年新迁入高新区。	130012	0	NULL
食府快餐店	长春经济开发区	2013-01-03	100	待整理	2015-1	0	NULL
食府快餐店a	长春经济开发区	2015-10-14	10	待整理	130103	0	NULL
腾讯总公司	北京市中关村	2001-07-01	2000	待整理	100201	0	NULL
医大一院	长春市朝阳区	1948-01-01	5000	待整理	130012	0	NULL

图 1-8 GSB 表数据

岗位编号	岗位名称	最低学历	最低学位	人数	年龄上限	年薪	笔试成绩比例	笔试日期	聘任要求	公司名称
A0001	行长助理	3	2	1	24	11	70	2017-01-14	有驾照，笔试经济学+金融	工商前进支行
A0002	银行柜员	2	1	5	24	10	70	2017-01-15	计算机二级，笔试：金融+会计学	工商前进支行
A0003	律师	3	3	3	30	8	60	2017-01-15	有驾照，笔试经济法+金融	工商前进支行
A0004	会计	3	3	3	35	10	60	2017-05-10	笔试经济学+金融	工商前进支行
B0001	经理助理	5	5	3	30	12	50	2017-01-21	笔试：经济学+人力资源	腾讯总公司
B0002	理财师	3	2	12	35	9	70	2017-01-22	笔试：经济法+财务管理	腾讯总公司
B0003	岗前培训师	3	3	2	35	10	50	2017-05-08	笔试经济学+金融	工商前进支行

图 1-9 GWB 数据

身份证号	岗位编号	资格审核	笔试成绩	面试成绩
11980119921001132X	A0001	1	75	90
11980119921001132X	B0001	1	85	80
11980119921001132X	B0002	1	90	85
219901199001011351	A0002	0	70	70
219901199001011351	B0001	0	75	60
219901199001011351	B0002	1	89	88
229901199305011575	A0001	0	90	75

图 1-10 GWCJB 表数据

(2) 在已有数据的基础上,对其进行维护性的修改和删除操作。

(3) 使用 phpMyAdmin 工具,对数据库中的数据实现多种格式的导入和导出操作。

三、任务分析

数据库维护主要指数据库创建后对数据表中数据的管理工作。在 phpMyAdmin 的数据表页面中,通过“插入”选项卡实现表中数据的添加,通过“浏览”选项卡实现表中数据的查看、修改和删除。

从数据安全的角度,为防止出现操作失误或系统故障导致的数据丢失,数据库还需要提供备份和恢复的功能,phpMyAdmin 中通过“导入”和“导出”选项卡实现。此外,数据的导入和导出也可以实现 MySQL 数据库与其他软件间的数据交换。

四、预备知识

(1) 结构化查询语言。简称 SQL,是数据库中通用的数据管理语言,也是数据库脚本文件的扩展名。在 phpMyAdmin 中，对数据库的管理工作都可以用 SQL 语句来实现。通过“预览 SQL 语句”按钮，可以查看当前操作对应的 SQL 语句。

（2）关联数据的管理。当管理数据表中的数据时，如果当前表和其他表存在关联和参照完整性，输入从表数据时可以手动选择已存在的主表数据。浏览从表数据时，也可以通过单击外键值直接跳转到主表对应的记录中。

五、技能点

（1）数据输入。能够掌握 phpMyAdmin 中表数据的输入方法。

（2）数据修改和删除。能够通过“浏览”选项卡完成数据的查看、修改和删除工作。

（3）数据导入和导出。能够将数据库和数据表内容导出成脚本文件或其他类型的文件，能将其他数据库文件或数据文档导入当前数据库。

六、注意事项

（1）若两个数据表之间设置了参照完整性，在对表中数据进行修改和删除时，可能会造成关联表中数据的冲突而导致操作异常。请确保以下几点：不得在从表中添加主表中没有关联的记录；不能修改导致从表出现孤立记录的主表的值；不能删除主表在从表中有匹配的记录。

（2）向数据表中导入数据时要注意数据结构一致。通过导入创建的数据表有可能不完善，如缺少主键、缺少表间关联和未设置参照完整性等，需要对其结构进行修改。

（3）导出数据时，phpMyAdmin 提供不同的文件格式，生成相应扩展名的文件。如果默认格式不满足要求，可以通过“自定义”选项进行修改，并可以保存为模板（template）以便于下次使用。

七、实验步骤

1. 插入数据

（1）在 phpMyAdmin 的主页面的导航面板中，选择 RCZP 数据库→YPRYB 数据表→“插入”选项卡，打开数据表的插入页面。按照图 1-7 所示的内容，分别在相应字段名右侧的“值”域中填写数据。

（2）填写一条记录之后，可以单击该条记录后的“执行”按钮，保存该记录；也可以依次填写完所有记录后再单击最后的“执行”按钮统一添加。如果当前页的可添加记录条数不够，可以输入“继续插入”的行数，增加可添加记录条数。

（3）用同样的方式，参照图 1-8、图 1-9、图 1-10 为 GSB、GWB 和 GWCJB 表添加数据。

2. 修改和删除数据

（1）在导航面板中，选择 RCZP 数据库→GWCJB 数据表，打开岗位成绩表浏览页面，选

中所有“笔试成绩”大于80,资格审核为0的记录,单击“编辑”按钮。在跳转页面中将记录的“资格审核”值修改为1,单击“执行”按钮。

(2) 在岗位成绩表浏览页面,选中所有“面试成绩”小于70的记录,单击“删除”按钮。

3. 导入和导出数据

(1) 在导航面板中,选择RCZP数据库→GSB数据表→“导出”选项卡,选择格式为SQL,单击“执行”按钮。导出的数据表文件gsb.sql保存在当前浏览器的下载文件夹内,可以使用记事本等程序打开该文件查看内容。

(2) 在导航面板中,单击RCZP数据库,选择GSB表右侧的“清空”按钮,清空该数据表。选择“导入”选项卡,单击“选择文件”按钮,找到并选中gsb.sql文件,单击“执行”按钮完成数据的导入。

八、思考题

(1) 关联数据管理有什么特点?要实现关联数据管理,应该如何设计数据表?

(2) 能否将数据表导出为EXCEL文件?导出的文件用EXCEL程序修改了数据,再导入数据库应该如何操作?

(3) 在执行数据的编辑和删除操作时可能会出现哪些错误?

第2单元　数据库管理与维护

MySQL 是目前比较流行的关系型数据库管理系统之一，在 Web 应用开发方面，MySQL 也是比较实用的关系数据库管理系统。它支持访问数据库的结构化查询语言 SQL。MySQL 具有体积小、速度快和源码开放等特点，是适于管理中小型网站的数据库，结合 PHP 和 Apache 可组成良好的软件开发环境。

2.1　网上书店数据库的逻辑设计

在人工管理模式下，图书销售需要登记的信息大致如表 2-1 所示，通常将这类表称为人工表。使用数据库模式管理这类表，需要针对人工表进行一系列的拆分和优化操作，使之满足数据库管理系统的操作要求。

一、实验目的

掌握关系模式规范化的基本要求，能够将给定的人工表转换为符合数据库要求的关系模式。

二、实验任务

(1) 依据概念设计的基本理念，对表 2-1 进行概念模型描述。
(2) 依据关系模式规范化的理论，拆分表格，使之满足第三范式。

三、任务分析

设计数据库主要包括针对具体业务的需求分析、概念设计、逻辑设计和物理实现 4 个环节。概念设计主要分离出相关业务中的客观事物(如读者和图书)，提取各种事物的特征(如会员编号、姓名、通信地址和联系电话等)，分析出各类事物之间的关联(如订购)，用概念模型描述事物及其关联，分析每个数据项的数据语义。

关系模式规范化就是按照范式要求对不满足要求的关系模式进行投影分解，去掉冗余属性，由此得到更多的、比较理想的关系模式。

表 2-1　图书销售人工表

会员编号	姓名	性别	通信地址	联系电话	书　号	书　名	出版社名称	图书类别	版次	印次	预购日期	售价	册数
1101010001	郑肖然	男	北京市海淀区上地3街9号	13501889215	9787040580549	2023全国计算机等级考试二级教程——Python语言程序设计	高等教育出版社	TP	1	1	2023.06.08	50	2
2101010001	孙洪涛	男	哈尔滨市道里区红旗街1248号	13104513858	9787302587712	Python学习从入门到实践（第2版）	清华大学出版社	TP	2	3	2023.06.10	69	1
2101010001	孙洪涛	男	哈尔滨市道里区红旗街1248号	13104513858	9787302603818	人工智能的数学基础	清华大学出版社	TP	1	2	2023.06.10	59	2
2201010001	赵成才	男	吉林省长春市建设街1518号	13841184204	9787113299071	2023年（第16届）中国大学生计算机设计大赛参赛指南	中国铁道出版社	TP	1	1	2023.06.11	69	1
……	……	……	……	……	……	……	……	……	……	……	……	……	……

四、预备知识

1. 实体型一表化

设计关系模式(表)的基本原则是实体型一表化，即一个实体型或关联对应一个关系模式。

2. 范式

在关系数据库中，将每个属性都具有原子性(即一个属性仅表示一个数据语义)的关系模式称为第一范式。

关系模式 R 属于第一范式，如果 R 中的任何非主属性都完全函数依赖于关键字，则称关系模式 R 属于第二范式。

关系模式 R 属于第二范式，如果其中所有非主属性对任何关键字都不存在传递函数依赖关系，则称关系模式 R 属于第三范式。

五、技能点

(1) E-R 模型：用矩形框、椭圆形框及菱形框等元素表达客观事物及其联系。

(2) 范式描述：为关系确定主键，找出关系中的部分函数依赖、传递函数依赖，通过分解已有关系去除存在的函数依赖关系。

六、注意事项

数据库逻辑设计的主要任务是研究如何将客观事物及其特征抽象成数据库中的数据，并不是在计算机中实际设计数据库。

七、实验步骤

1. 依据概念模型整理人工表

依据概念模型分离相关业务中的客观事物，表 2-1 可以分解成会员信息和图书信息两个实体，分别如表 2-2 和表 2-3 所示。

表 2-2　会员信息表

会员编号	姓名	性别	通信地址	联系电话	书号	印次	册数
1101010001	郑肖然	男	北京市海淀区上地 3 街 9 号	13501889215	9787040580549	1	2
2101010001	孙洪涛	男	哈尔滨市道里区红旗街 1248 号	13104513858	9787302587712	3	1
					9787302603818	2	2
2201010001	赵成才	男	吉林省长春市建设街 1518 号	13841184204	9787113299071	1	1

表 2-3 图书信息表

类别编码	书号	书　　名	版次	印次	印次日期	出版社名称	译著者	定价	折扣率%
TP	9787040580549	全国计算机等级考试二级教程——Python语言程序设计	1	1	2023-05-01	高等教育出版社	教育部教育考试院	50	90
TP	9787302587712	Python学习从入门到实践(第2版)	2	3	2021-09-01	清华大学出版社	王学颖等	69	100
TP	9787302603818	人工智能的数学基础	1	2	2022-08-01	清华大学出版社	冯朝路等	59	90
TP	9787113299071	2023年(第16届)中国大学生计算机设计大赛参赛指南	1	1	2023-02-01	中国铁道出版社	大赛组委会编写委员会	69	80

2. 补充完善图书信息表和会员信息表

会员信息表、图书信息表,补充完善后的关系模式如下。

会员信息表(会员编号,姓名,性别,通信地址,邮政编码,联系电话,Email账号,QQ账号,办公电话,移动电话,书号,印次,册数,密码,角色)

图书信息表(类别编码,书号,书名,版次,印次,印次日期,出版社名称,译著者,定价,折扣率)

3. 关系模式的规范化

(1) 第一范式。第一范式的基本要求是:二维表;有主关键字;每个属性都具有原子性。经过整理的会员信息表、图书信息表均满足第一范式的需要。

(2) 第二范式。在第一范式的基础上,如果再消除非主属性对关键字的部分函数依赖关系,则就规范成了第二范式。上述整理的会员信息表中,(会员编号,书号)是关键字,由于有"会员编号$\xrightarrow{F}$姓名",表中存在"(会员编号,书号)$\xrightarrow{P}$姓名"的部分函数依赖,基于此,将会员信息表进一步拆分为会员信息表和图书销售表,其关系模式如下。

- 会员信息表(会员编号,姓名,性别,通信地址,邮政编码,联系电话,Email账号,QQ账号,办公电话,移动电话,密码,角色,累计购书金额,累计购书数量,最近购书日期)
- 图书销售表(预购单号,书号,印次,预购日期,册数,售价,会员账号,付款标记,目前状态)

为方便信息统计,会员信息表中增加了累计购书金额、累计购书数量、最近购书日期字段,图书销售表中增加了付款标记、目前状态字段。

(3) 第三范式。第三范式是在第二范式的基础上消除表中存在的非主属性传递函数依赖关键字而得到的关系模式。经过以上拆分的关系不存在传递函数依赖,即已经满足第三范式。

4. 数据表中部分字段的编码表示

在关系数据库中,通过对数据的编码存储,能够节省存储空间、减少数据冗余。上述图书表中，出版社名称、图书类别均可以编码，为此增加了如下两个关系模式。

图书类别表(类别编码，类别名称)

出版社编码表(出版社编码，出版社名称)

5. 最后的结果

经整理，网上书店数据库中共有 5 个数据表，分别是会员表(hyb)、图书表(tsb)、预购销售表(ygxsb)、出版社表(cbsb)和类别表(lbb)。

八、思考题

(1) 数据库逻辑设计的前期准备工作有哪些内容？

(2) 图书销售表中的预购单号字段是系统为每笔订单自动添加的记录号。如果每笔订单可以选择多本图书，表结构该如何调整？

2.2 设计图书数据库及其表

一、实验目的

了解数据库及数据表的设计思路，掌握在 MySQL 中建立数据库及数据表的方法。

二、实验任务

(1) 设计 wssd 数据库，包含 tsb(图书表)、lbb(类别表)、cbsb(出版社表)、hyb(会员表)和 ygxsb(预购销售表)5 个数据表的结构。

(2) 在 MySQL 中建立 wssd 数据库及其中的 5 个数据表结构。

(3) 在 phpMyAdmin 中建立订单信息视图，用来显示每笔订单的预购单号、书号、书名、印次、预购日期、册数、售价、会员账号和付款标记。

三、任务分析

wssd 数据库使用 tsb(图书表)保存图书信息，管理图书需要用到 lbb(图书类别表)和 cbsb(出版社表)，hyb(会员表)用于保存会员的基本资料，会员购买的图书信息保存在 ygxsb(预购销售表)中，通过统计分析会员的购买记录可以确定会员的购买兴趣点，从而更好地为会员推送其可能感兴趣的新书。wssd 数据库中的实体及其联系如图 2-1 所示。

针对以上分析，设计各数据表的结构，如表 2-4～表 2-8 所示。

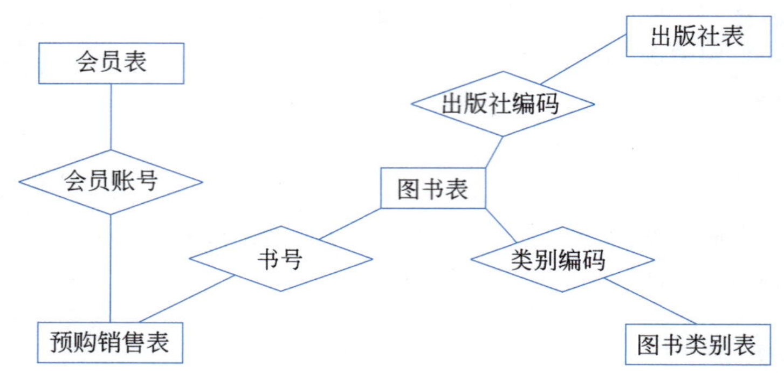

图 2-1 网上书店数据库中的实体及其关联

表 2-4 lbb 的结构

字段名称	数据类型	字段大小	其他设计说明
类别编码	Char	2	
类别名称	Varchar	30	

表 2-5 cbsb 的结构

字段名称	数据类型	字段大小	其他设计说明
出版社编码	Char	5	
出版社名称	Varchar	30	

表 2-6 tsb 的结构

字段名称	数据类型	字段大小	其他设计说明
类别编码	Char	2	
书号	Char	30	
书名	Varchar	60	
版次	Char	2	
印次	Char	2	
印次日期	Date		
出版社编码	Char	5	
译著者	Varchar	30	
定价	Double	7,1	数据总宽度7位,小数点后保留1位有效数字
折扣率	Int	3	

表 2-7　ygxsb 的结构

字段名称	数据类型	字段大小	其他设计说明
预购单号	Int	11	NOT NULL AUTO_INCREMENT
书号	Char	30	
印次	Char	2	
预购日期	Date		
册数	Int	5	
售价	Real	7,1	
会员账号	Char	10	
付款标记	Tinyint	1	初值 0 表示未付款
目前状态	Enum		'0','1','2','3','4' 初值 0 表示没发送;1 表示取消;2 表示在途;3 表示签收;4 表示退货

表 2-8　hyb 的结构

字段名称	数据类型	字段大小	其他设计说明
会员账号	Char	10	NOT NULL
姓名	Char	10	
性别	Enum		'1','2'初值。1 表示男;2 表示女
通信地址	Char	50	
邮政编码	Char	6	
Email 账号	Varchar	30	
QQ 账号	Varchar	30	
办公电话	Char	20	
移动电话	Char	12	
累计购书金额	Double	8,1	每千元增加 1%折扣,但最低到 60%
累计购书数量	Int	7	
最近购书日期	Date		用于清理过期会员
密码	Varchar	32	
角色	char	1	0 普通用户,1 系统管理员

四、预备知识

1. 在 MySQL 中建立数据库

在 MySQL 中用 Create Database 命令创建数据库,其命令格式如下:

```
Create Database <数据库名称>[ Default Charset<字符集>][ Collate <整理名称>];
```

其中,短语 Default Charset <字符集>用于指定数据库使用的字符集。如果使用 UTF-8 字符集,则短语为 Default Charset utf8。Collate 参数用于确定数据库的整理规则(即排序规则)。如果使用 UTF-8 简体中文排序规则,则其格式为 Collate utf8_general_ci。

数据库创建完成后,使用 show databases 命令查看系统中的数据库,使用 use <数据库名>命令打开数据库。

2. 在 MySQL 中建立数据表

在 MySQL 中使用命令 Create Table 建立数据表,其命令格式如下:

```
Create Table [If Not Exists] <表名称>
    (<字段名 1><数据类型>[[Not] Null]
     [Default <常数>][Auto_Increment] [Primary Key]
         ⋮
     [,<字段名 n><数据类型>[[Not] Null]]
     [,Primary Key(<主属性字段名表>)]
     [,[Constraint <外键名 1>] Foreign Key (<外键字段名 1>)
       References <关联表名 1>(<关联字段名 1>)
       [On Delete <约束规则>] [On Update <约束规则>]
           ⋮
     [,[Constraint <外键名 m>] Foreign Key (<外键字段名 m>)
       References <关联表名 m>(<关联字段名 m>)
       [On Delete <约束规则>] [On Update <约束规则>]]]
    )
```

五、技能点

(1) 建立数据库。用 Create Database 命令建立数据库。

(2) 查看数据库。用 Show Databases 命令查看数据库。

(3) 选择当前数据库。用 Use<数据库名称>命令选择当前数据库。

(4) 创建数据表结构。用 Create Table 命令建立数据表结构。

六、注意事项

(1) 用命令方式创建数据库或数据表,操作成功后所建的内容既已存在,故对应的命令不能反复执行。为避免命令重复执行出错,可在数据库或数据表名前添加短语 if Not exists。

(2) 输入命令时,命令中出现的英文字母不区分大小写,命令使用分号作为结束。

七、实验步骤

1. 创建数据库

右击 Windows“开始”按钮,选择“运行”项并在“运行”对话框中输入 cmd 后按 Enter

键，系统进入 Windows 命令行，在命令行中依次输入如下命令并按 Enter 键(假设 XAMPP 安装在 d 盘上。如果 XAMPP 安装在 c 盘上，则以下命令的第一行换成 c:)。

```
d:
cd \xampp\mysql\bin
mysql -uroot -p
```

输入 root 用户的登录密码后进入 MySQL，在 MySQL 提示符“>”后输入如下命令建立数据库，并查看系统中的数据库：

```
create database wssd Default charset UTF8 Collate Utf8_General_ci;
show databases;
```

2. 创建数据表

在 MySQL 提示符“>”后输入如下命令选择 wssd 数据库为当前数据库：

```
use wssd;
```

在 MySQL 提示符“>”后输入如下命令建立 lbb：

```
create table if not exists lbb(类别编码 char(2) primary key, 类别名称 varchar
(30));
```

在 MySQL 提示符“>”后输入如下命令建立 cbsb：

```
create table if not exists cbsb(出版社编码 char(5) primary key, 出版社名称 varchar
(30));
```

在 MySQL 提示符“>”后输入如下命令建立 tsb：

```
create table if not exists tsb(类别编码 char(2),书号 char(30),书名 varchar(60),版
次 char(2),印次 char(2),印次日期 date,出版社编码 char(5),译著者 varchar(30),定价
double(7,1),折扣率 int(3),primary key (书号,印次));
```

3. 在 phpMyAdmin 中使用 SQL 命令建立数据表

打开 phpMyAdmin 主页面，单击导航面板中的 wssd 数据库，单击 SQL 选项卡，在 SQL 语句输入窗口中输入如下语句后，单击“执行”按钮，创建 ygxsb(预购销售表)。

```
create table if not exists ygxsb(预购单号 int(11) not null auto_increment
primary key,
    书号 char(30),印次 char(2),预购日期 date,册数 int(5),售价 double(7,1),
    会员账号 char(10),付款标记 tinyint(1) default 0,
    目前状态 enum('0','1','2','3','4') default '0');
```

用同样方式在 SQL 语句输入窗口中输入如下语句，单击“执行”按钮后创建 hyb(会员表)。

```
Create Table if not exists hyb(会员账号 char(10) not null primary key,姓名 char
(10),性别 enum('1','2') default '1',通信地址 char(50),邮政编码 char(6),
    Email 账号 varchar(30),QQ 账号 varchar(30),办公电话 char(20),移动电话 char(12),
累计购书金额 double(8,1),累计购书数量 int(7),最近购书日期 date,
    密码 varchar(32),角色 char(1));
```

4. 在 phpMyAdmin 中使用 SQL 命令建立视图

打开 phpMyAdmin 主页面,单击导航面板中的 wssd 数据库,单击 SQL 选项卡,在 SQL 语句输入窗口中输入如下语句后,单击"执行"按钮,创建订单统计视图。

```
Create View 订单信息 As Select 预购单号,ygxsb.书号 As 书号,书名,
    ygxsb.印次 As 印次, 预购日期, 册数,售价, 会员账号, 付款标记
    From (ygxsb Join tsb On(((ygxsb.书号 =tsb.书号) And (ygxsb.印次 =tsb.印次)))
```

单击 phpMyAdmin 导航面板中的 wssd,在"结构"选项卡中单击订单信息视图行中的"浏览"项,可以查看订单信息;单击订单信息视图行中的"结构"项,可以查看视图的结构。

八、思考题

(1) 用 MySQL 创建数据库及数据表与用 phpMyAdmin 可视化操作风格完成操作有哪些不同?

(2) 用 Create Table 命令创建数据表,命令在书写时有哪些格式上的要求?

(3) 会员欲购买的图书在当前 tsb 中不存在,如何完善 wssd 数据库的结构使之能够体现会员的购买需求?

2.3 规划用户及其权限

一、实验目的

了解 MySQL 中用户和用户权限的基本概念,能够使用 Grant 语句及 phpMyAdmin 等工具对用户进行数据库、数据表和查询等内容的权限分配。

二、实验任务

(1) 设计系统管理员用户,其用户名为 xtgly,为其分配 wssd 数据库的全部权限。

(2) 设计业务员用户账户,其用户名为 xtywy,其可以查看 ygxsb 中的图书订购信息,浏览 hyb 中会员的个人资料,维护 tsb、lbb 及 cbsb 中的数据。

(3) 设计会员用户账户,其用户名为 2201010001,可以查看 tsb 中的图书信息,在 ygxsb 中新建订单、修改订单及查看自己的历史订单,在 hyb 中查看、修改自己的会员资料。

三、任务分析

在 MySQL 中使用命令 Create User 创建用户账户,使用命令 Grant 为所创建的用户账户分配数据库应用权限。在 phpMyAdmin 等管理工具中通过可视化操作同样能够创建用

户账户及为用户账户分配数据库的使用权限。

四、预备知识

1. 用 Create User 命令创建用户账户

对于新安装的 MySQL 服务器，系统自动创建了默认名为 root 的用户账户，root 用户可以完全控制 MySQL 数据库，具有操作和管理 MySQL 数据库的全部权限。

系统中的其他用户账户需要建立，用户名中的英文字母区分大小写，用户名、密码等相关信息自动存储到 MySQL 数据库的 User 表中。建立用户账户的命令格式如下：

```
create user 'username'@'host' identified by 'password';
```

其中 username 为新建用户名；host 用于指定该用户登录的主机，如果是本地用户，可用 localhost 作为主机名，如果允许新建用户在任意远程主机登录，可以使用通配符“%”；password 为新建用户的登录密码，密码可以为空。如果为空，则该用户登录服务器不需要输入密码。

2. 用 Grant 命令为用户分配权限

在 MySQL 中，可以运行 Grant 语句为用户账户进行授权，其语句格式如下：

```
Grant <权限名称 1>[(<字段名表 1>)]
        [,…,<权限名称 n>[<(字段名表 n)>]]
    On <对象范围>
    To <用户名 1>[Identified By <密码 1>][@<主机名 1>]
        [,…,<用户名 n>[Identified By <密码 n>][@<主机名 n>]]
```

权限名称请参考主教材第 5 章中的表 5-1。

五、技能点

(1) 创建用户账户。用 Create User 命令或在 phpMyAdmin 中使用可视化操作实现用户的创建。

(2) 分配用户账户权限。用 Grant 命令或在 phpMyAdmin 中使用可视化操作实现用户权限分配。

六、注意事项

(1) 用户账户隶属于主机，其可以使用系统中的多个数据库，用户名和密码中的英文字母均区分大小写。

(2) 在 phpMyAdmin 主页中使用“账户”选项卡管理用户权限。单击用户行中的“修改权限”选项打开“修改权限”页面，其中“全局权限”的操作对象为本地全部数据库；“按数据库指定权限”可针对某数据库设置操作权限，设置完成后单击“执行”按钮保存设置。

七、实验步骤

1. 用命令方式创建 xtgly 用户账户并为其分配权限

右击 Windows“开始”按钮,选择“运行”项并在“运行”对话框中输入 cmd 后按 Enter 键,系统进入 Windows 命令行,在命令行中依次输入如下命令并按 Enter 键。

```
d:
cd \xampp\mysql\bin
mysql -uroot -p
```

输入 root 用户的登录密码后进入 MySQL。在 MySQL 提示符“>”后输入如下命令,创建 xtgly 用户账户并为其分配权限。

```
create user 'xtgly'@'localhost' identified by '1324';
grant all on wssd.* to xtgly;
```

2. 在 phpMyAdmin 中创建 xtywy 用户账户并为其分配权限

(1) 打开 phpMyAdmin 主页面。打开 XAMPP 控制面板,单击 MySQL 动作按钮组中的 Admin 按钮,在打开页面的登录框中输入用户名(如 root)和登录密码,单击“执行”按钮登录 phpMyAdmin 主页面(如 root 用户未设置密码,系统直接进入 phpMyAdmin 主页面)。

(2) 建立用户账户。在 phpMyAdmin 主页面中单击“账户”选项卡,单击用户账户概况表格下方的“新增用户账户”项,在图 2-2“新增用户账户”界面中输入新建“用户名”为 xtywy,“主机名”为 localhost,输入用户密码(如 1234)及确认密码,单击“执行”按钮。

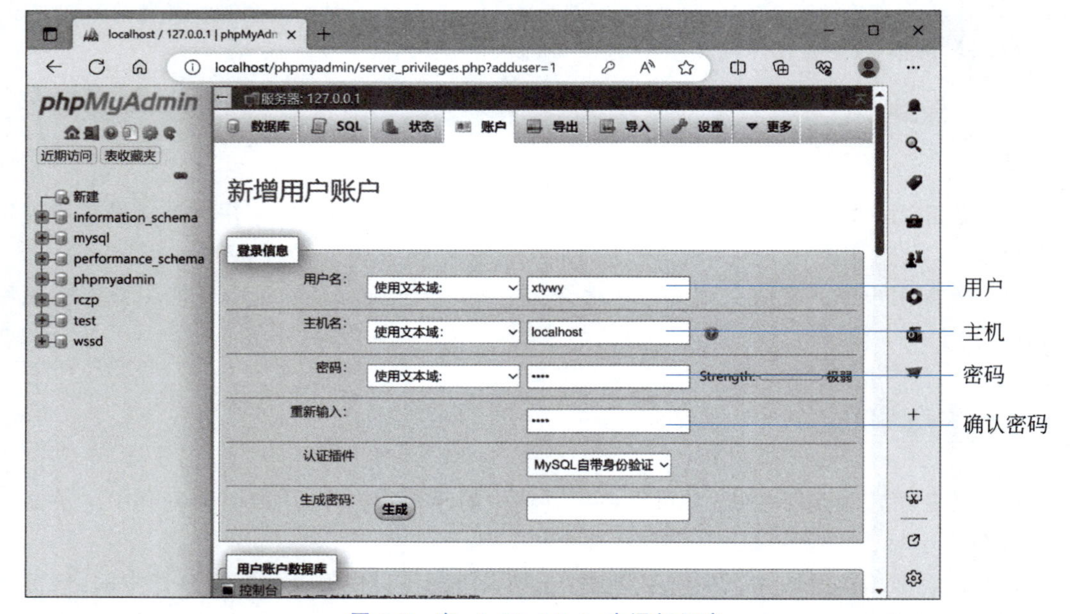

图 2-2 在 phpMyAdmin 中添加用户

（3）为 xtywy 分配权限。单击“账户”选项卡 xtywy 用户行中的“修改权限”项，单击“数据库”选项，在“按数据库指定权限”页框单击 wssd 数据库行中的“修改权限”项。若指定其他数据库的操作权限，可以单击“在下列数据库添加权限：”后的列表框，选中数据库后单击“执行”按钮。单击“表”选项，在给出的页面中单击“按表指定权限”页框“在下列数据表添加权限”后的组合框，选中 tsb，在图 2-3 中分配 xtywy 用户对 tsb 的操作权限，单击“执行”按钮确认权限。

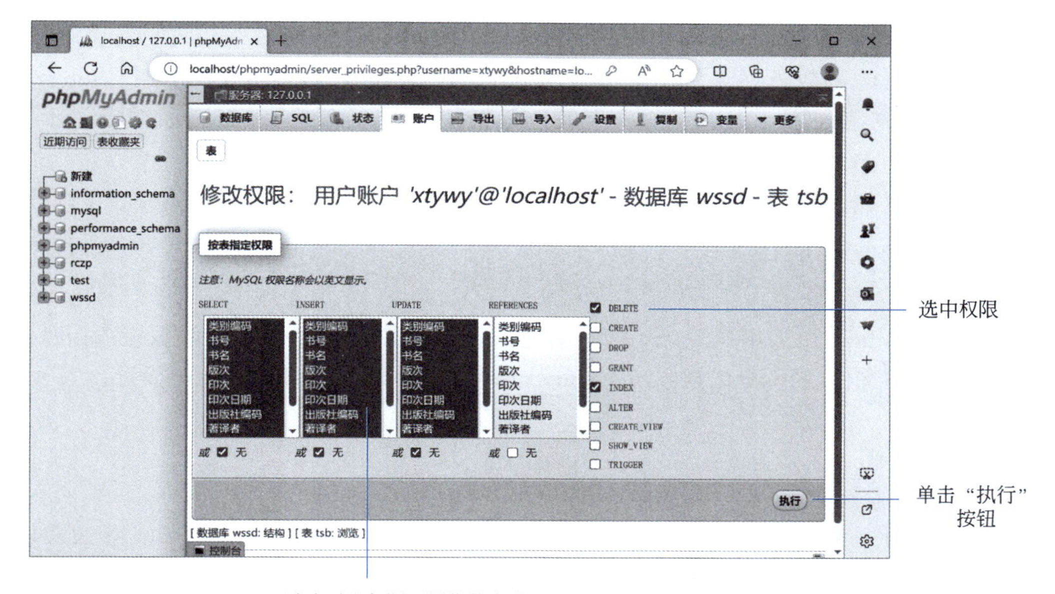

图 2-3　在 phpMyAdmin 中为用户分配表权限

（4）用同样方式为其他表分配权限。根据要求，为 xtywy 用户分配了 lbb、cbsb 和 tsb 的 select、insert、update、delete 和 index 权限，为 hyb 和 ygxsb 分配了 select 权限。选择“账户”选项卡 xtywy 用户行中的“修改权限”项→“数据库”项→“按数据库指定权限”页框中的“修改权限”，页面显示已分配权限，如图 2-4 所示。

按表指定权限

表	权限	授权	按字段指定权限	操作	
cbsb	SELECT, INSERT, UPDATE, REFERENCES	否	否	修改权限	撤销
hyb	SELECT	否	否	修改权限	撤销
lbb	SELECT, INSERT, UPDATE, REFERENCES	否	否	修改权限	撤销
tsb	SELECT, INSERT, UPDATE, DELETE, INDEX	否	否	修改权限	撤销
ygxsb	SELECT	否	否	修改权限	撤销

在下列数据表添加权限：　使用文本域：

执行

图 2-4　xtywy 用户分配的表权限

3. 在 phpMyAdmin 中创建 2201010001 用户并为其分配权限

在 phpMyAdmin 中创建 2201010001 用户，设置其登录密码为 7854，为其分配 wssd 数据库中 tsb 的 select 权限、ygxsb 中的 insert、update 权限，方法同上。

由于2201010001用户为会员用户,其只能查看hyb中的个人资料、ygxsb中的个人订单,因此设计视图实现表中数据的选择控制,之后分配用户的视图权限。

单击phpMyAdmin主页导航面板中的wssd→SQL选项卡标签,在SQL编辑窗中输入如下SQL语句,单击"执行"按钮创建视图hyb_view。

```
Create View hyb_view as
    select * from hyb where hyb.会员账号=substring_index(user(),'@',1);
```

语句中user()函数返回系统当前登录的用户名(如2201010001@localhost),substring_index()函数用来截取第一次出现的@字符之前的内容(即2201010001),视图仅显示hyb中当前登录用户名的资料。

用同样方法输入如下ygxsb的视图语句,将该视图保存为ygxsb_view。

```
Create View ygxsb_view as
    select * from ygxsb where ygxsb.'会员账号'=substring_index(user(),'@',1);
```

在phpMyAdmin中为用户2201010001添加权限,选择wssd数据库,在数据表选择时直接选中对应的视图文件,为其分配权限select、update后单击"执行"按钮保存权限设置。

八、思考题

(1) 能否为一个用户账户分配多个数据库的操作权限?用户操作权限的设置通常以什么标准作参考?

(2) 若系统提供用户注册功能,程序中该如何为用户分配权限?

2.4 设计表间的关联及其参照完整性

一、实验目的

学习设计数据库的基本过程,了解表间关联的作用,掌握在MySQL中建立关联的方法。

二、实验任务

(1) 为tsb(图书表)与cbsb(出版社表)建立关联,连接字段为出版社编码。

(2) 为tsb(图书表)与lbb(类别表)建立关联,连接字段为类别编码。

(3) 为ygxsb(预购销售表)与tsb(图书表)建立关联,连接字段为书号。

(4) 为ygxsb(预购销售表)与hyb(会员表)建立关联,连接字段为会员账号。

三、任务分析

在数据库中为数据表建立关联,通常是在数据表的设计过程中完成的,其顺序为先建立主表，之后建立从表时直接指定与主表的关联关系。若不考虑数据表间的关联，在数据库及数据表已经建立完成的情况下，可以在 phpMyAdmin 中建立关联，也可以在 MySQL 中用 Alter Table 命令修改表结构，从而建立数据表间的关联。

四、预备知识

1. 关联

所谓关联操作，就是在操作一个表中的数据时，可以引用或输入、修改其他表中的数据。例如，删除 hyb 中的数据时，其在 ygxsb 中对应的图书订购信息被自动删除。同样，输入 ygxsb 中的图书信息时，其书号应该是 tsb 中存在的书号。

2. 建立数据表间关联的命令

通过 SQL 的 Alter Table 命令可以为数据表建立关联，其命令格式如下：

```
Alter Table <表名> Add Constraint <外键名> Foreign Key (<字段名>)
    References <关联表名> (<关联字段名>)
    [On Delete <约束规则>] [On Update <约束规则>]
```

其中，<外键名>为关联的名称，用于区分不同的关联；Foreign Key 后为主表中的关联字段名；<关联表名>为从表表名；关联字段名为从表中用于关联的字段名。

3. On Delete 的约束规则

删除数据记录的约束规则（On Delete）是指删除主表中的数据记录时应该遵循的约束规则。有如下选项。

(1) Cascade（级联）。删除主表（如 tsb）中的数据记录时，系统自动删除从表（如 ygxsb）中相关联的记录。所谓关联记录就是主表中的关联字段与从表外键值相等的记录。例如，在 tsb 表中删除书号为 978-7-04-041372-4、印次为 1 的图书记录时，系统自动删除 ygxsb 中书号为 978-7-04-041372-4、印次为 1 的全部记录。

(2) No Action 或 Restrict（限制）。不能删除与从表中的记录存在关联的主表中的记录。也就是说，删除主表中记录的条件是从表中一定没有与之相关联的记录。例如，如果从表 ygxsb 中有书号为 978-7-04-041372-4 的记录，则不能删除主表 tsb 中书号为 978-7-04-041372-4 的记录。

(3) Set Null（置空）。删除主表中的数据记录时，系统自动将从表中相关联记录的外键字段的值填成 Null，这就要求从表中的外键字段必须允许 Null。

4. On Update 的约束规则

更新（修改）数据记录的约束规则（On Update）是指修改主表中的数据记录时，系统应该遵循的约束规则。有如下选项。

(1) Cascade（级联）。修改主表（如 tsb）中的关联字段值（如书号）时，系统自动更新从表（如 ygxsb）中关联记录外键字段的值（如书号）。例如，在 tsb 中，将书号 978-7-04-041372-4 改为 978-7-04-041372-5 时，系统自动将 ygxsb 表中关联记录的书号均改为 978-7-

04-041372-5。

(2) No Action 或 Restrict(限制)。对从表中存在关联记录的主表记录,不能修改其关联字段的值。例如,如果从表 ygxsb 中有书号为 978-7-04-041372-5 的图书销售信息,则不能将主表 tsb 中书号 978-7-04-041372-5 的图书改成其他书号。

(3) Set Null(置空)。修改主表中关联字段的值时,自动将从表中关联记录外键字段的值填成 Null(此字段必须允许 Null)。

五、技能点

建立关联。用命令 Alter Table 实现数据表间关联的建立。

六、注意事项

(1) 建立数据表间的关联是数据表设计的内容,通常在数据表的规划阶段确定关联字段及删除和更新规则。

(2) 若设计数据库时未设置数据表间的关联,在数据表已经输入记录信息后建立关联则需要表中的数据相容,否则无法建立关联。

(3) 关联建立完成后,可在表中进行数据记录操作时验证关联的作用和意义。

七、实验步骤

1. 进入 MySQL

右击 Windows"开始"按钮,选择"运行"项并在"运行"对话框中输入 cmd 后按 Enter 键,系统进入 Windows 命令行,在命令行中依次输入如下命令并按 Enter 键。

```
d:
cd \xampp\mysql\bin
mysql -uroot -p
```

输入 root 用户的登录密码后进入 MySQL。

2. 创建数据表间的关联

在 MySQL 提示符">"后依次输入如下命令建立 tsb 与 cbsb、tsb 与 lbb、ygxsb 与 tsb 及 ygxsb 与 hyb 之间的关联。

```
use wssd;
Alter Table TSB add Constraint cbsbm Foreign Key(出版社编码)
    References cbsb(出版社编码) On Delete Restrict On Update Cascade;

Alter Table TSB add Constraint lbbm Foreign Key(类别编码)
    References lbb(类别编码) On Delete Restrict On Update Cascade;

Alter Table YGXSB add Constraint shuhao Foreign Key(书号)
```

```
    References TSB(书号) On Delete Restrict On Update Cascade;

Alter Table YGXSB add Constraint hyzh Foreign Key(会员账号)
    References HYB(会员账号) On Delete Cascade On Update Cascade;
```

在 MySQL 提示符“>”后输入 exit 或 quit 并按 Enter 键，关闭 MySQL。

八、思考题

（1）为相关数据表建立表间关联的目的有哪些？删除和更新的几个约束规则是如何影响表中的记录操作的？

（2）在 MySQL 中如何删除表间关联？删除表间关联对数据表有直接影响吗？

2.5　输入售书数据库中的数据

一、实验目的

在 MySQL 中根据数据库中表的关联设计确定数据的输入顺序，实现数据表中数据的输入。

二、实验任务

（1）在 cbsb 中输入表 2-9 中的数据。

表 2-9　cbsb 表中增加的记录

出版社编码	出版社名称	出版社编码	出版社名称
04	高等教育出版社	302	清华大学出版社
111	机械工业出版社	5049	中国金融出版社
115	人民邮电出版社	5086	中信出版社
121	电子工业出版社		

（2）在 lbb 中输入表 2-10 中的数据。

表 2-10　lbb 表中增加的记录

类别编码	类别名称	类别编码	类别名称
B0	哲学理论	F8	金融
F0	政治学	TM	自动化技术、计算机技术
F4	工业经济		

（3）在 tsb 表中输入表 2-11 中的数据。

（4）在 hyb 表中输入表 2-12 中的数据。

表 2-11 tsb 表中增加的记录

类别编码	书号	书名	版次	印次	印次日期	出版社编码	译著者	定价	折扣率%
TM	978-7-56-471529-8	2023 年版全国计算机等级考试二级 C 语言程序设计	1	1	2023-07-01	04	教育部考试中心 编	72	75
TM	978-7-04-0535-334	2020 年全国计算机等级考试二级教程 Visual Basic 语言程序设计	1	1	2020-08-01	04	教育部考试中心 编	52	90
TM	978-7-111-66019-4	计算机专业英语(第 3 版)	1	1	2020-08-15	111	杨嵘 著	59.90	80
TM	978-7-111-38074-0	C 程序设计的抽象思维	1	1	2022-05-18	111	罗伯特 著,闪四清 译	99	85
F4	978-7-111-47161-5	工业 4.0 即将来袭的第四次工业革命	1	7	2018-02-01	111	乌尔里希·森德勒 主编 邓敏 李现民 译	45	90
F4	978-7-115-40907-2	破局 传统行业拥抱互联网+之策略与法则	1	1	2019-01-01	115	付峥嵘 著	45	100
F4	978-7-115-41056-6	社群粉丝经济玩转法则	1	1	2019-01-10	115	郑清元 著	45	100
TM	978-7-121-27412-1	Excel 图表拒绝平庸(纪念版)	1	1	2020-12-01	121	陈荣兴 著	65	88
F8	978-7-121-27440-4	互联网运营之道	1	1	2021-11-10	121	金璞 著	49	90
TM	978-7-04-038327-0	C 程序设计(第 5 版)	5	6	2022-01-10	302	谭浩强 著	85	75
TM	978-7-302-58761-3	C++ 程序设计(第四版)	4	1	2021-10-01	302	谭浩强 著	59.90	80
TM	978-7-302-35506-9	Visual BASIC 程序设计(第 3 版)	3	1	2020-12-01	302	谭浩强 著	33.5	65
B0	978-7-3024-9554-3	自然辩证法概论(修正版)	1	1	2018-02-01	302	吴国林 著	59	85
F8	978-7-5220-0540-9	金融信托与租赁(第五版)	3	1	2020-06-01	5049	王淑敏,齐佩金 主编	45	80
F8	978-7-5049-6590-5	经典金融故事汇	1	1	2022-12-01	5049	郭恩才 编著	59	79
F8	978-7-5049-7692-5	做巴菲特的研究生	1	1	2022-09-01	5049	郭恩才 编著	39	80
F4	978-7-5086-9402-3	大繁荣-大众创新如何带来国家繁荣	1	3	2020-10-15	5086	埃德蒙·费尔普斯著,余江 译	79	95
F4	978-7-5086-4664-0	创业维艰-如何完成比难更难的事	1	5	2023-05-15	5086	本·霍洛维茨 著,杨晓红 钟莉婷 译	69	94
F0	978-7-5086-6975-5	第二次机器革命	1	2	2021-12-01	5086	埃里克·布莱恩约弗森 安德鲁·麦卡菲 著	49	88
B0	978-7-5086-9187-9	世界第一好懂的哲学课	1	1	2019-02-01	5086	(日)小川仁志 著,郑晓兰 译	42	85

表 2-12 hyb 表中增加的记录

会员账号	姓名	性别	通信地址	邮政编码	Email 账号	QQ 账号	办公电话	移动电话	累计购书金额	累计购书数量	最近购书日期	密码
1101010001	郑肖然	1	北京市海淀区上地三街 9 号	100085	Alex_chen@public.cc.jl.cn	657807384	010-62770176	13501889215	3840	121	2023-12-25	1234
2101010001	孙洪涛	1	哈尔滨市道里区红旗街 1248 号	150001	sunht@163.com	477178292	0451-85185812	13104513858	1582	48	2024-01-10	1008
2101010002	刘永锋	1	哈尔滨市南岗区轻松路 128-1 号	150010	Yongfengliu@163.com	423970282	0451-56120202	13604320020	0	0		
2201010001	赵成才	1	吉林省长春市建设街 1518 号	130017	Zhao818@sohu.com	8423888212		13841184204	2470.5	84	2024-01-18	7854
2201010002	张君	2	北京市海淀区成府路 2188 号	100084	feijun@sina.com.cn	1212772	010-82180202	18621458218	1240	54	2023-11-12	4562
2201040001	宁劲松	1	吉林省长春市解放大路 19 号	130012	ningjinsong@126.com	15160994	0431-89847897	18604318814	270	8	2023-12-06	6628
2201040002	张波	2	吉林省长春市前进大街 2498 号	130015	zhangbo@sina.com.cn		0431-85851816	13904400756	340.8	12	2023-10-05	1243

(5) 在 ygxsb 表中输入表 2-13 中的数据。

表 2-13 ygxsb 表中增加的记录

预购单号	书号	印次	预购日期	册数	售价	会员账号	付款标记	目前状态
1	978-7-115-40907-2	1	2023-12-20	20	45	2201010001	0	0
2	978-7-115-41056-6	1	2023-12-20	15	45	2201010001	0	0
3	978-7-04-038327-0	6	2023-10-20	80	85	22010140001	1	3
4	978-7-5086-6975-5	2	2023-10-01	100	49	2201040001	1	3
5	978-7-302-58761-3	1	2024-01-07	280	59.90	2101010001	1	3
6	978-7-5086-4664-0	5	2023-11-03	1	69	2101010002	1	3
7	978-7-5086-9187-9	1	2024-01-20	12	42	2201010002	0	1
8	978-7-121-27412-1	1	2023-11-14	25	65	1101010001	1	3
9	978-7-5086-9402-3	3	2024-01-15	10	79	1101010001	1	2
10	978-7-04-038327-0	1	2024-01-15	200	35	2201010001	1	3
11	978-7-111-47161-5	7	2024-01-20	15	45	2201040002	1	1
12	978-7-5049-7692-5	1	2024-01-22	3	59	2201040002	1	2

三、任务分析

在数据表中输入数据需要考虑数据表间的关联,存在关联的情况下,首先输入主表数据,之后输入从表数据。输入数据可以使用 phpMyAdmin 可视化操作工具,也可以在 MySQL 中使用 Insert 命令实现。

四、预备知识

1. 增加一个记录

按如下格式执行一条 SQL 的 Insert … Values …语句,向表中增加一个数据记录。

语句格式:

```
Insert [Into] <表名>
    Set <字段名 1>=(<表达式 1>)… [,<字段名 n>=<表达式 n>]
```

2. 增加多个记录

按如下格式执行一条 SQL 的 Insert … Values …语句,向表中增加多个数据记录。

语句格式:

```
Insert [Into] <表名>[(<字段名表>)]
    Values (<表达式表 1>) … [,(<表达式表 n>)]
```

3. 导入数据

数据表中的数据内容较多时(如 tsb、hyb 和 ygxsb),可以将表中的数据按其他格式保存在文件中,之后使用 phpMyAdmin 的导入数据功能将保存的表记录文件导入数据表中。在 phpMyAdmin 中支持的导入数据格式有 CSV 文件(*.csv)、CSV For MS Excel 文件(*.xls)、PDF 文件、SQL 文件和 Microsoft Word 2000 等。

逗号分隔符(Comma-Separated Values,CSV)用逗号分隔不同的数据项,CSV 文件以纯文本形式存储表格数据,可以使用记事本编辑数据记录。

五、技能点

(1) 增加记录。在 MySQL 中用命令 Insert 增加记录。

(2) 导入数据。在 phpMyAdmin 中使用导入功能将保存为其他格式的数据文件添加到数据表中。

六、注意事项

(1) 数据表中的主键能够避免重复输入数据记录,故使用 Insert 命令插入数据记录时,相同的命令不能重复执行。

(2) 使用 Insert 命令增加数据,需要按照命令格式输入代码,因此其适合于少量数据的输入,输入多个数据记录时建议使用 phpMyAdmin 等可视化操作方式以减少命令的编写时间。

七、实验步骤

1. 在 MySQL 中输入数据

右击 Windows“开始”按钮,选择“运行”项并在“运行”对话框中输入 cmd 后按 Enter 键,系统进入 Windows 命令行,输入如下命令并按 Enter 键。

```
d:
cd \xampp\mysql\bin
mysql -uroot -p
```

输入 root 用户的登录密码后进入 MySQL,在 MySQL 提示符“>”后输入如下命令为 lbb 添加数据。

```
Insert into lbb values("B0","哲学理论"),("F0","政治学"),("F4","工业经济"),
    ("F8","金融"),("TM","自动化技术、计算机技术");
```

2. 在 phpMyAdmin 中用 SQL 命令方式输入数据

打开 XAMPP 面板,单击 MySQL 动作按钮组中的 Admin 按钮,在打开页面的登录框中输入用户名(如 root)和密码,登录 phpMyAdmin 主页。单击 phpMyAdmin 主页导航面板中的 wssd 数据库,之后单击 SQL 选项卡,在查询窗口中输入如下 SQL 语句后单击“执行”按钮,完成数据的输入。

```
Insert into cbsb values("04","高等教育出版社"),("111","机械工业出版社"),
    ("115","人民邮电出版社"),("121","电子工业出版社"),
    ("302","清华大学出版社"),("5049","中国金融出版社"), ("5086","中信出版社");
```

3. 使用 phpMyAdmin 的导入功能输入数据

在记事本中输入表 2-11 中的内容,只输入表中的数据,不需要输入表格标题行信息,输入格式为每条记录以按 Enter 键结束。每条记录中不同的数据项用英文逗号分隔,日期使用“/”分隔(如 2024/12/10),时间格式数据使用“:”分隔(如 20:00:00),最后一行数据输入完成不按 Enter 键换行,数据格式如图 2-5 所示。选择记事本“文件”菜单→“保存”项,输入文件名 tsbdata,选择编码为 UTF-8,单击“保存”按钮,保存数据文件。

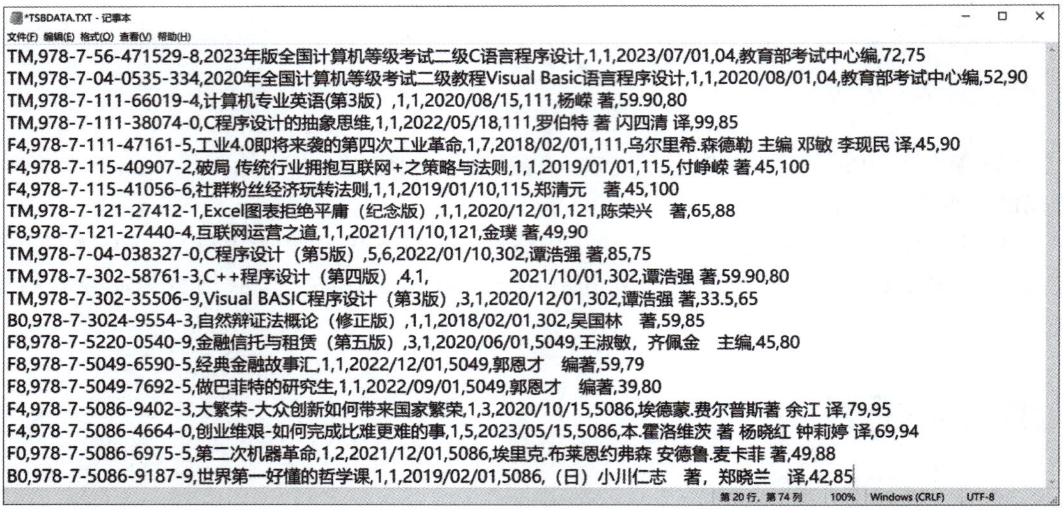

```
*TSBDATA.TXT - 记事本
文件(F) 编辑(E) 格式(O) 查看(V) 帮助(H)
TM,978-7-56-471529-8,2023年版全国计算机等级考试二级C语言程序设计,1,1,2023/07/01,04,教育部考试中心编,72,75
TM,978-7-04-0535-334,2020年全国计算机等级考试二级教程Visual Basic语言程序设计,1,1,2020/08/01,04,教育部考试中心编,52,90
TM,978-7-111-66019-4,计算机专业英语(第3版）,1,1,2020/08/15,111,杨嵘 著,59.90,80
TM,978-7-111-38074-0,C程序设计的抽象思维,1,1,2022/05/18,111,罗伯特 著 闪四清 译,99,85
F4,978-7-111-47161-5,工业4.0即将来袭的第四次工业革命,1,7,2018/02/01,111,乌尔里希.森德勒 主编 邓敏 李现民 译,45,90
F4,978-7-115-40907-2,破局 传统行业拥抱互联网+之策略与法则,1,1,2019/01/01,115,付峥嵘 著,45,100
F4,978-7-115-41056-6,社群粉丝经济玩转法则,1,1,2019/01/10,115,郑清元   著,45,100
TM,978-7-121-27412-1,Excel图表拒绝平庸（纪念版）,1,1,2020/12/01,121,陈荣兴   著,65,88
F8,978-7-121-27440-4,互联网运营之道,1,1,2021/11/10,121,金璞 著,49,90
TM,978-7-04-038327-0,C程序设计（第5版）,5,6,2022/01/10,302,谭浩强 著,85,75
TM,978-7-302-58761-3,C++程序设计（第四版）,4,1,           2021/10/01,302,谭浩强 著,59.90,80
TM,978-7-302-35506-9,Visual BASIC程序设计（第3版）,3,1,2020/12/01,302,谭浩强 著,33.5,65
B0,978-7-3024-9554-3,自然辩证法概论（修正版）,1,1,2018/02/01,302,吴国林   著,59,85
F8,978-7-5220-0540-9,金融信托与租赁（第五版）,3,1,2020/06/01,5049,王淑敏，齐佩金   主编,45,80
F8,978-7-5049-6590-5,经典金融故事汇,1,1,2022/12/01,5049,郭恩才   编著,59,79
F8,978-7-5049-7692-5,做巴菲特的研究生,1,1,2022/09/01,5049,郭恩才   编著,39,80
F4,978-7-5086-9402-3,大繁荣-大众创新如何带来国家繁荣,1,3,2020/10/15,5086,埃德蒙.费尔普斯著 余江 译,79,95
F4,978-7-5086-4664-0,创业维艰-如何完成比难更难的事,1,5,2023/05/15,5086,本.霍洛维茨 著 杨晓红 钟莉婷 译,69,94
F0,978-7-5086-6975-5,第二次机器革命,1,2,2021/12/01,5086,埃里克.布莱恩约弗森 安德鲁.麦卡菲 著,49,88
B0,978-7-5086-9187-9,世界第一好懂的哲学课,1,1,2019/02/01,5086,（日）小川仁志   著，郑晓兰   译,42,85
第 20 行，第 74 列   100%   Windows (CRLF)   UTF-8
```

图 2-5　用记事本输入的 tsb 中的数据

在 phpMyAdmin 中单击导航面板中的 wssd,双击“结构”选项卡中的 tsb 表名,选择“导入”选项卡,在图 2-6 所示的导入界面中单击“从计算机中上传:”选项后的“浏览”按钮,选择保存的数据文件 tsbdata.txt,格式选择为 CSV,单击“执行”按钮。系统自动将 tsbdata.txt 文件中的数据转换为若干条 insert 语句并分别执行这些语句。本例中,执行后系统提示“导入成功,执行了 20 个查询。(tsbdata.txt)”,单击“浏览”选项卡可以查看导入 tsb 中的具体数据信息。

用同样方式在记事本中分别输入并保存 hyb(表 2-12)和 ygxsb(表 2-13)中的数据,之后使用 phpMyAdmin 的导入选项卡将数据通过文本文件添加到对应的数据表中。

4. 输入违反关联规则的记录

在 MySQL 中执行如下命令,查看命令的执行结果。

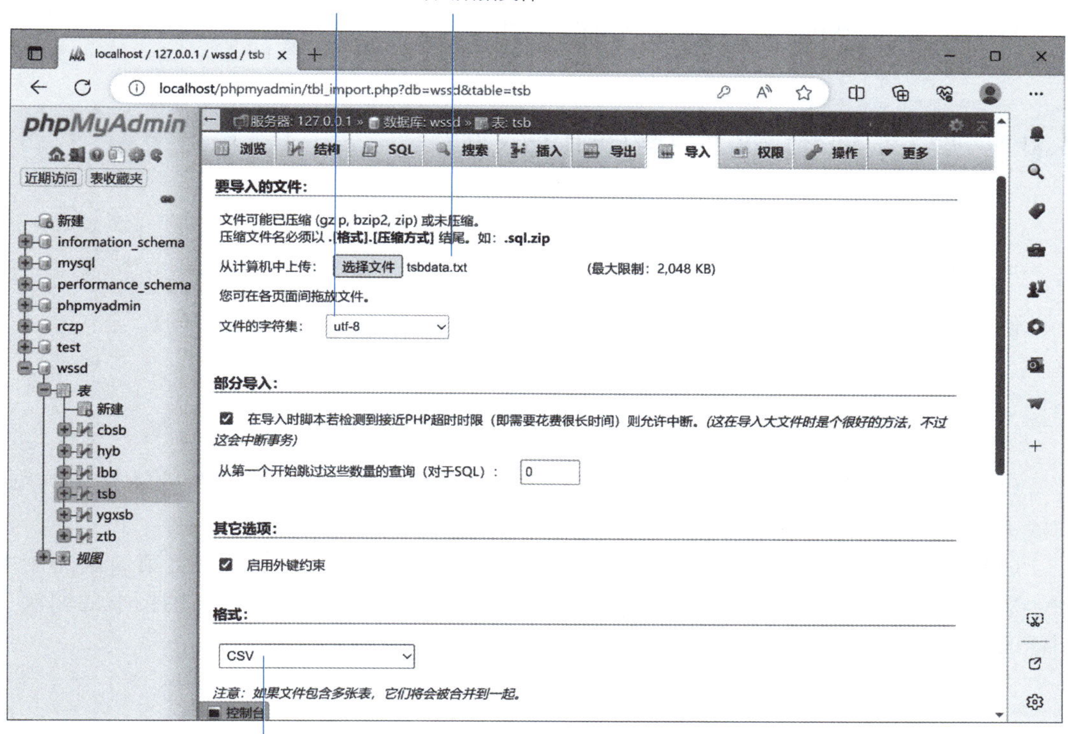

图 2-6 phpMyAdmin 导入选项卡界面

```
Insert into tsb(书号,印次,书名,译著者,出版社编码,类别编码)
    values("978-7-5321-3443-4","2","先秦诸子百家争鸣","易中天","5321","B2");
```

系统给出的出错信息如下：

```
1452-Cannot add or update a child row: a foreign key constraint fails (wssd.tsb,
CONSTRAINT 'FK' FOREIGN KEY ('出版社编码') REFERENCES 'cbsb' ('出版社编码') ON
DELETE CASCADE ON UPDATE CASCADE).
```

命令中要添加的出版社编码 5321 为上海文艺出版社，其类别码 B2 对应中图分类法中国哲学类别，这两条记录信息在 cbsb 和 lbb 中均不存在，因此不能添加该图书信息。在 MySQL 中执行如下命令添加父表中的数据记录，之后再次执行以上命令即可在 tsb 中添加图书信息。

```
Insert into lbb values("B2","中国哲学");
Insert into cbsb values("5321","上海文艺出版社");
```

八、思考题

（1）有哪些方法输入数据表中的数据？在数据表存在关联的情况下如何选择数据表输入数据的顺序？

(2) 如何将数据表复制到其他数据库中？如何将数据表中的数据复制到其他数据表中？若需要复制的数据在两个不同的数据库中且其字段名不完全相同，此时如何完成操作？

2.6 修改售书数据库中的数据

一、实验目的

使用 MySQL 及 phpMyAdmin 数据库管理工具实现数据表中数据的修改。

二、实验任务

(1) 在 MySQL 中使用 Update 命令将 lbb 中类别编码 F0 对应的类别名称修改为“政治经济学”，将类别编码 TM 修改为 TP，查看 lbb 和 tsb 中的数据变化。

(2) 使用 phpMyAdmin 查看并修改 tsb 中的数据，将《计算机专业英语(第 3 版)》图书的印次日期修改为 2024-8-15，定价修改为 65；将 tsb 中印次日期为 2023 年的图书的印次日期修改为 2024 年，定价在原定价的基础上上浮 10%(只取整数结果)。

三、任务分析

修改数据表中的数据可以使用 phpMyAdmin 等数据库管理工具，也可以使用 MySQL 中的 SQL 命令 Update 进行操作，两者各有特点。

四、预备知识

1. SQL 的 Update 语句

执行 Update 语句可以自动修改满足条件记录的相关字段值，执行此语句的用户必须具有表“数据”的 Update 权限。

语句格式：

```
Update [Low_Priority] <表名称> Set <字段名 1>=<表达式 1>
    […,<字段名 n>=<表达式 n>][ Where <条件表达式>]
```

2. phpMyAdmin 的可视化操作界面

在 phpMyAdmin 表数据浏览界面(图 2-7)中，单击所选记录行中的“编辑”选项，在给出的编辑页面中编辑所选记录，单击“执行”按钮保存修改的数据。

对表中满足相同条件的记录进行修改操作，可以使用查询编辑器按条件查找记录，之后再对满足条件的记录进行修改操作。若修改的内容满足相同的条件，则可以在查询编辑器中使用 Update 命令直接修改。“编辑内嵌”选项在浏览数据的上方给出简易查询编辑器，

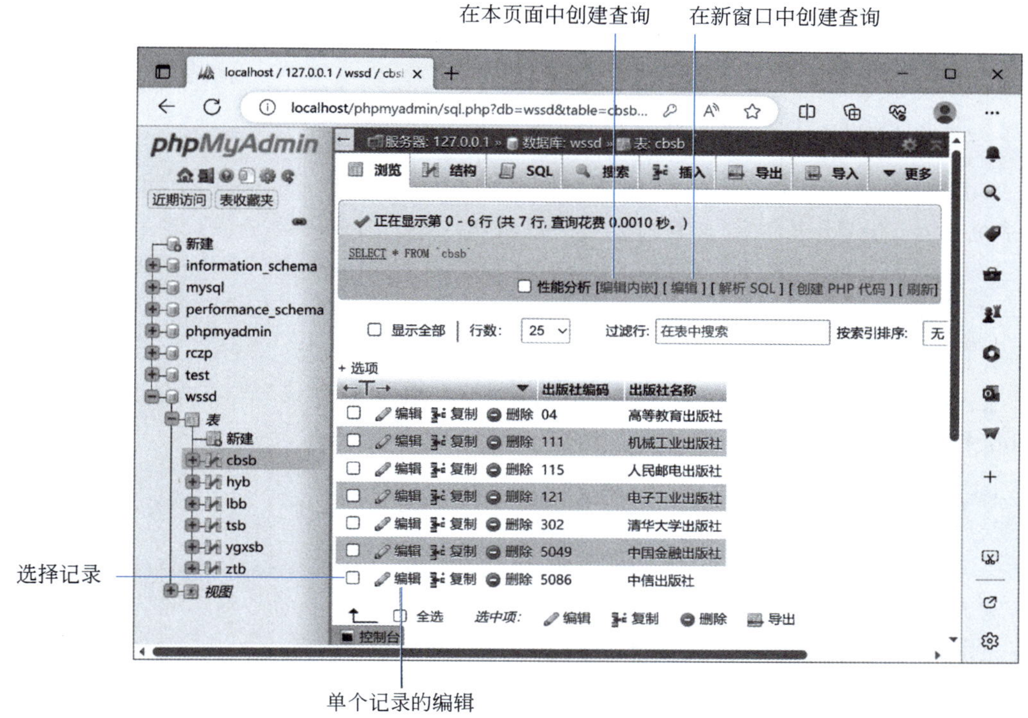

图 2-7　phpMyAdmin 中的数据浏览界面

“编辑”选项打开新的页面给出完整版查询编辑器,用于 SQL 语句的编辑。

五、技能点

(1) 在 MySQL 中修改表中的数据。在 MySQL 中使用 Update 命令进行修改操作。

(2) 用可视化方式修改数据。在 phpMyAdmin 数据库管理工具中用可视化方式修改数据。

六、注意事项

(1) 修改数据表中主键字段中的内容时需要注意,修改后的内容不能和表中已有的数据主键重复。

(2) 当数据表间存在关联时,若关联表的更新约束规则为 Cascade,则在修改主表(如 lbb)中关联字段值(如类别编码)时,系统自动更新从表(如 tsb)中关联记录外键字段的值(如类别编码);若关联表的关联类型为 No Action 或 Restrict,则对从表中存在关联记录的主表记录,不能修改其关联字段的值。例如,从表 tsb 中有类别编码(外键)为 TM 的图书信息,则不能将主表 lbb 中的类别编码(关联字段)TM 改成其他内容。

七、实验步骤

1. 在 MySQL 中修改数据

右击 Windows“开始”按钮,选择“运行”项并在“运行”对话框中输入 cmd 后按 Enter 键,系统进入 Windows 命令行,在命令行中依次输入如下命令并按 Enter 键。

```
d:
cd \xampp\mysql\bin
mysql -uroot -p
```

输入 root 用户的登录密码后进入 MySQL。在 MySQL 提示符“>”后输入如下命令修改 lbb 中的数据:

```
use wssd;
update lbb set 类别名称="政治经济学" where 类别编码="F0";
update lbb set 类别编码="TP" where 类别编码="TM";
```

输入如下命令查看修改后的数据,结果可见,修改了 lbb 中的类别编码,其在 tsb 中的对应类别编码字段也同步进行了修改。

```
select * from lbb;
select * from tsb where 类别编码="TP";
```

2. 在 phpMyAdmin 中修改数据

启动 XAMPP 控制面板,单击 MySQL 动作按钮组中的 Admin 按钮,在打开的 phpMyAdmin 页面登录框中输入用户名(如 root)和密码,登录 phpMyAdmin 主页。

(1) 单击 phpMyAdmin 主页导航面板中的 wssd,单击“结构”选项卡中的 tsb 表名,在 tsb 的数据浏览窗口中,找到图书《计算机专业英语(第 3 版)》,选择数据行中的“编辑”选项,在图 2-8 所示的“插入”选项卡中找到印次日期字段,在“值”列中修改印次日期为 2024-08-15,找到定价字段,在“值”列中将其值修改为 65,单击“执行”按钮完成数据的修改操作。

(2) 修改 tsb 中印次日期为 2023 年的记录信息时,因其具有相同的条件且可能涉及多册图书,故选择使用 SQL 语句进行修改。选择 tsb 数据浏览界面工具条中的“编辑”选项,在给出页面的 SQL 选项卡中输入如下 SQL 语句后,单击“执行”按钮。

```
update tsb set 印次日期=date_add(印次日期,interval 1 year),
    定价=round(定价 * 1.1) where year(印次日期)=2023;
```

其中,date_add()函数完成日期的加法计算,其在当前印次日期(即条件中的 2023 年)的基础上增加 1 年;Round()函数完成数值的四舍五入运算,Round(定价 * 1.1)相当于 Round(定价 * 1.1,0),即定价采用整数值;Year()函数用于提取给定日期中的年份。

语句正确执行后,系统提示“影响了 2 行数据”,在数据浏览窗口中可以查看数据的变化情况。

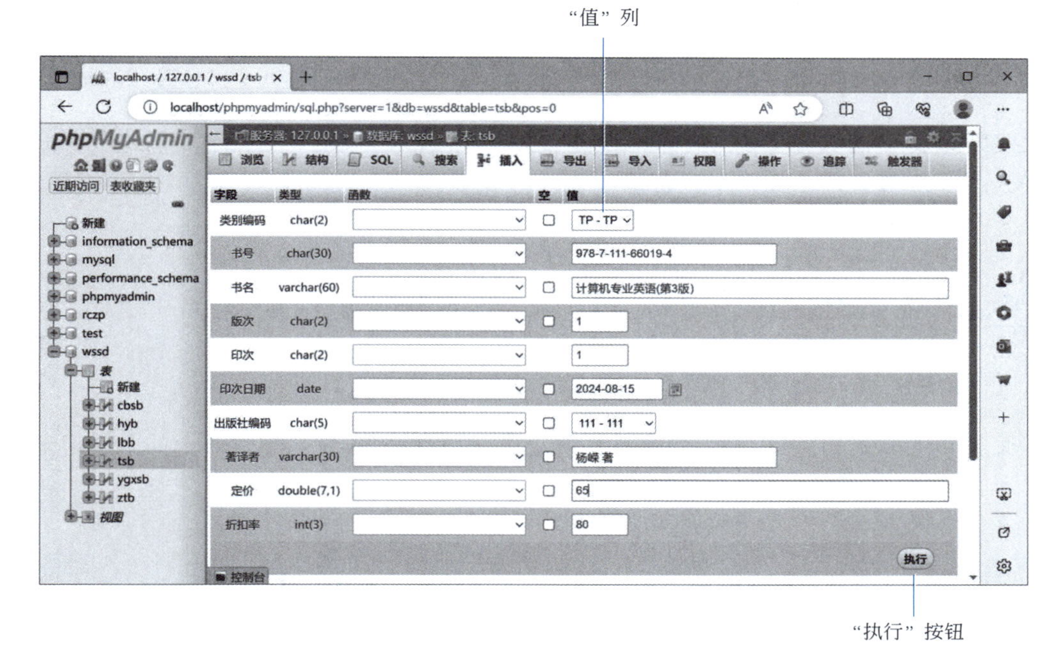

图 2-8　在 phpMyAdmin 中可视化修改数据界面

八、思考题

（1）可以使用哪些方法修改数据表中的数据？可以使用 SQL 的 Replace 命令完成数据的修改操作吗？

（2）修改数据过程中可能出现修改错误，如何避免修改错误对数据表中数据的损害？

2.7　删除售书数据库中的数据

一、实验目的

使用 MySQL 及 phpMyAdmin 数据库管理工具实现数据表中数据的删除。

二、实验任务

（1）删除 hyb 中购买记录为 0 的会员信息。

（2）删除 tsb 中购买记录为 0 的全部图书信息。

（3）删除 ygxsb 中未付款且目前状态为未发货的全部订单。

三、任务分析

要删除表中的数据,可以在 MySQL 中使用 SQL 的 Delete 命令实现,也可以通过 phpMyAdmin 等管理工具实现。若确认表中数据及表结构均不再需要,可以直接删除数据表。

四、预备知识

1. 用 SQL 语句删除数据

通过 Delete 语句,可以删除满足条件的记录,也可以无条件地删除表中的全部记录,使之成为空表。执行删除记录语句的用户必须具有表"数据"的 Delete 权限。

语句格式:

```
Delete [Low_Priority][Quick] From <表名>[Where <条件表达式>]
```

2. 在 phpMyAdmin 中删除数据

在 phpMyAdmin 中单击打开数据库(如 wssd),在数据库窗格中单击表名(如 cbsb)或表名后的"浏览"按钮,在图 2-9 所示的数据管理界面中完成数据的删除操作。要删除某个记录,单击该记录行中的"删除"选项即可;要删除多个记录,先选择需要删除的记录,再单击表浏览数据下方的"删除"按钮;要按条件删除数据可以使用 SQL 创建查询,在查询中使用 Delete 命令,执行查询即可删除数据。

五、技能点

(1) 用可视化方式删除数据。在 phpMyAdmin 数据浏览界面删除数据;执行查询设计器生成的查询语句实现数据的删除操作。

(2) 用命令方式删除数据。在 MySQL 中使用命令 Delete 实现数据的删除,在 phpMyAdmin 中新建查询,查询中使用 Delete 命令删除数据。

六、注意事项

(1) 数据表中删除的数据通常无法恢复,所以进行删除操作一定要确保欲删除的数据不再需要,建议操作前备份数据库或备份删除操作涉及的数据表。

(2) 在数据表间存在关联的情况下,若删除约束规则为 Cascade,则删除主表中的数据会自动删除其关联从表中相同关键字的全部数据;若删除约束规则为 Restrict 或 NoAction,则在从表存在相同关键字记录时,系统拒绝删除主表中的数据。

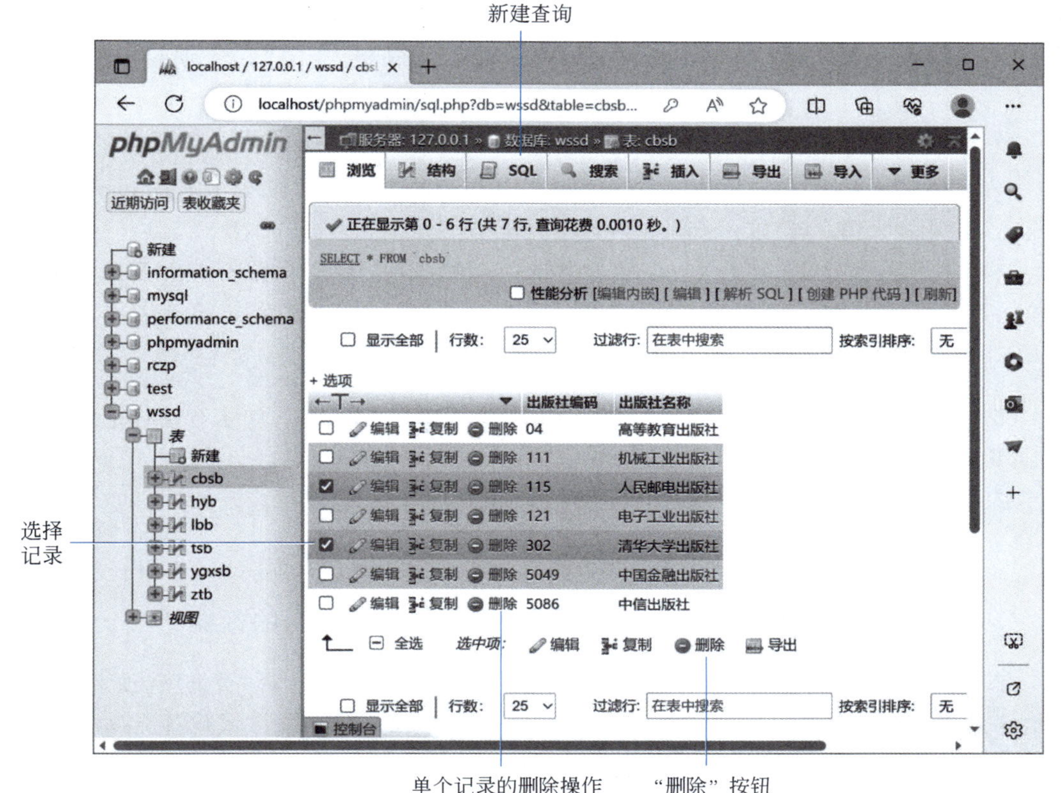

图 2-9　phpMyAdmin 数据管理界面

七、实验步骤

1. 在 MySQL 中删除 hyb 中的数据

右击 Windows“开始”按钮，选择“运行”项并在“运行”对话框中输入 cmd 后按 Enter 键，系统进入 Windows 命令行，在命令行中依次输入如下命令并按 Enter 键。

```
d:
cd \xampp\mysql\bin
mysql -uroot -p
```

输入 root 用户的登录密码后进入 MySQL。在 MySQL 提示符“>”后输入如下命令，删除 hyb 中购书金额为 0 的会员信息。

```
use wssd;
select * from hyb where 累计购书金额=0;    /* 查看 hyb 中累计购书金额为 0 的记录 */
delete from hyb where 累计购书金额=0;      /* 删除数据 */
select * from hyb where 累计购书金额=0;    /* 再次查看 hyb 中累计购书金额为 0 的记录 */
```

命令中删除前浏览了累计购书金额为 0 的会员记录，执行删除操作后再次浏览了累计购书金额为 0 的会员记录。

操作完成后在 MySQL 中执行 quit 或 exit 命令关闭 MySQL。

```
quit;
```

2. 在 phpMyAdmin 中使用 SQL 语句删除 tsb 中的数据

启动 XAMPP 控制面板,单击 MySQL 动作按钮组中的 Admin 按钮,在打开的 phpMyAdmin 页面登录框中输入用户名(如 root)和密码,登录 phpMyAdmin 主页。

(1) 单击 phpMyAdmin 主页导航面板中的 wssd 数据库,选择 SQL 选项卡,在查询编辑器中输入如下语句,用来查询 tsb 中没有购买记录的图书信息,单击"执行"按钮执行语句。

```
select 书号,书名 from tsb where 书号 not in (select 书号 from ygxsb);
```

(2) 选择 SQL 选项卡,在查询设计器中输入如下语句,删除 tsb 中未有销售记录的图书数据,单击"执行"按钮执行语句。

```
delete from tsb where 书号 not in (select Distinct 书号 from ygxsb);
```

(3) 单击"浏览"选项卡,查看 tsb 中的数据变化。

3. 在 phpMyAdmin 中借助"查询"选项卡删除 ygxsb 中的数据

在 phpMyAdmin 主页面中单击导航面板中的 wssd 数据库,选择"查询"选项卡中的"通过示例查询"项,在图 2-10 所示的"查询"选项卡界面中使用可视化方式设计查询语句。界面中默认 3 列操作项,通过界面左下角的"添加/删除字段"项可以增加或减少操作列数。选择字段后选中其"显示"行中的复选按钮,即将该字段作为查询的结果列内容。"条件"为查

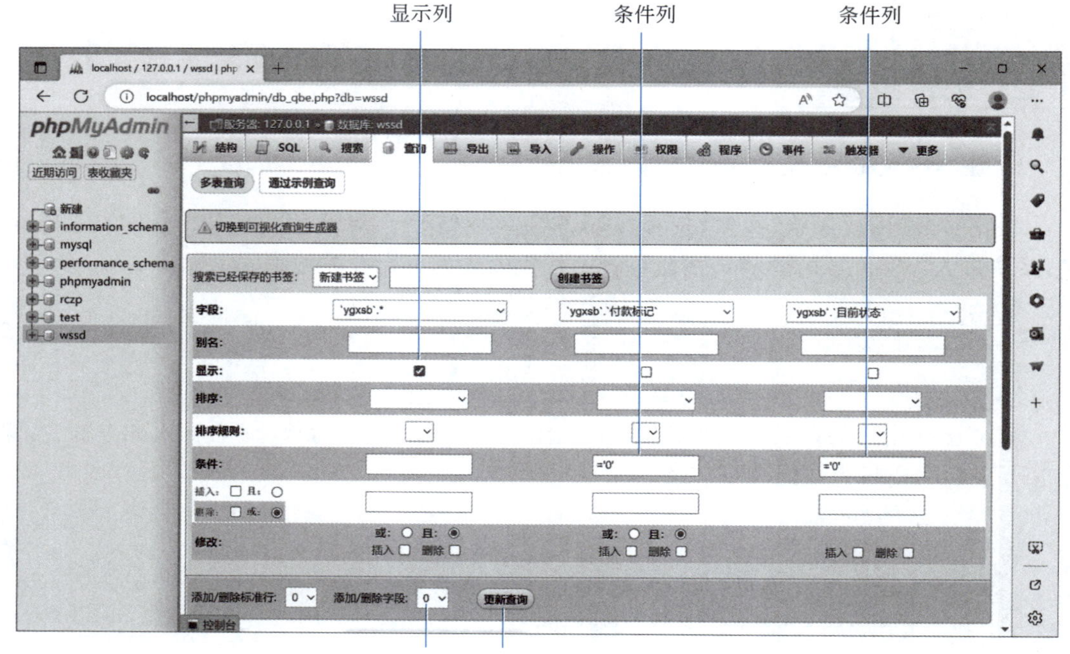

图 2-10 phpMyAdmin 中的"查询"选项卡

询的筛选条件，多个条件之间的逻辑关系通过修改行中的“与”“或”实现连接。

完成查询选项的设计后单击“更新查询”按钮，在查询设计器下方生成对应的 SQL 语句，与图 2-10 对应的 SQL 语句如下：

```
SELECT 'ygxsb'.* FROM 'ygxsb'
   WHERE (('ygxsb'.'付款标记' ='0') AND ('ygxsb'.'目前状态' ='0'))
```

单击“提交查询”按钮可以执行查询功能，查看查询结果确定设置的查询条件无误后，将生成的 SQL 语句复制到 SQL 选项卡中，将语句中的“SELECT 'ygxsb'. * ”修改为“Delete”后，单击“执行”按钮，在给出的“确认”对话框中单击“确定”按钮即可完成数据的删除操作。

八、思考题

(1) 删除表中数据可以使用 MySQL 和 phpMyAdmin 等多种工具，这几种工具各有哪些特点？

(2) 在误删除数据表中的数据后，有哪些方法能够减少数据的损失？

第 3 单元　SQL 数据查询及统计分析

数据查询及统计分析是实际业务处理中的一项重要内容，诸如数据检索、排序、分类统计和数据合并等都属于数据查询及统计分析的业务范畴。

简单的数据检索问题可以充分利用 SQL 的基本 Select 语句来解决；常规的数据排序和分类统计一般由 Select 语句加排序（Order By）和分组（Group By）短语实施；比较复杂的任务需要借助 SQL 的语句嵌套、合并或视图进行综合设计。

本单元以人才招聘数据库为实例，实际演练 SQL 语句的设计方法和执行过程，使读者通过案例理解和掌握 SQL 语句的功能、设计方法和技巧，练就数据检索和统计分析的技能，提升用数据库技术解决较复杂问题的能力。

3.1　Select 语句的编辑和运行环境检测

有多种途径可以编辑和运行 SQL 语句，例如，在 MySQL 命令窗口中，可以输入、编辑和运行 SQL 语句，查看语句的运行效果，也可以通过 phpMyAdmin 可视化管理工具的 SQL 选项卡中的 SQL 语句编辑窗口生成、输入、编辑和运行 SQL 语句，查看和进一步编辑 SQL 语句运行的结果数据。

从操作方便和灵活性方面来看，phpMyAdmin 可视化管理工具更为实用一些。

一、实验目的

充分利用 phpMyAdmin 可视化数据库管理工具，学习生成、编辑和运行 SQL 语句的过程和方法，掌握设计和运行 MySQL 语句的一种操作环境和实际应用技能。

二、实验任务

（1）浏览岗位表 gwb 中除公司名称以外各列的全部数据记录。

（2）查看招聘超过 1 人的岗位编号、岗位名称、人数和岗位要求 4 列信息。

三、任务分析

两个实验任务的数据源都是来源于单个数据表，并且输出各列的数据都可以由数据表中的字段直接提取，因此，比较简捷的设计方法是通过 phpMyAdmin 的 SQL 语句编辑窗口生成 Select 语句，在此基础上再进行少量的修改和优化便可完成任务的设计要求。

四、预备知识

（1）基本 Select 语句：Select <表达式表>From <数据源名>Where <条件>。

（2）SQL 语句的编辑与执行环境：在 phpMyAdmin 的主页，单击选择当前数据库名（如 rczp）→数据表名（如 gwb）→代码编辑工具“编辑”，进入 SQL 语句的编辑窗口，再单击相关的按钮，可以生成简单的 SQL 语句。例如，单击 SELECT 按钮，生成的 Select 语句如图 3-1 所示。

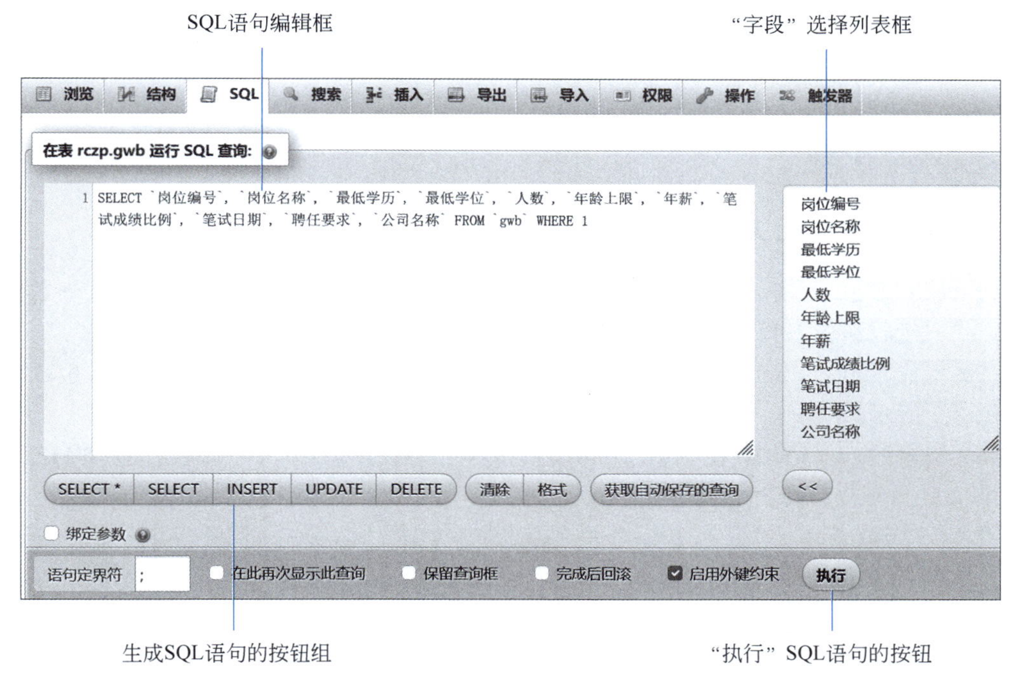

图 3-1　SQL 语句编辑窗口

在此基础上，可以进一步编辑、完善、优化和执行 Select 语句。所谓优化就是按照 SQL 的语句规则，去掉语句中多余的信息，使语句变得更简洁和清晰，运行速度更快，节省存储空间，但仍然保留语句的功能。

五、技能点

（1）生成 Select 语句：恰当地运用工具，生成接近完成任务的 Select 语句。

(2) 编辑 Select 语句:在系统生成的 Select 语句基础上,删除、增加或修改相关内容,使之成为完成任务的 Select 语句。

(3) 调试 Select 语句:运行 Select 语句出错或结果不正确时,能够发现和纠正错误。

(4) 执行 Select 语句:检验 Select 语句的运行结果是否满足任务的要求。

六、注意事项

(1) 在系统生成的 Select 语句中,数据库、数据表和字段名称均用左单引号"`"("~"键的下档符号)括起来,不能用右单引号"'"或双引号"""代替该符号。在上述名称中不含标点符号的情况下,左单引号可以省略不写。例如,图 3-1 中的 SQL 语句可以优化成语句:

```
SELECT 岗位编号, 岗位名称, 最低学历, 最低学位, 人数, 年龄上限, 年薪,
        笔试成绩比例, 笔试日期, 聘任要求, 公司名称 FROM gwb WHERE 1
```

(2) Select 语句中出现的数据库、数据表或字段名以外的符号,一律以半角方式输入,如 Select、From、各种引号、逗号、圆点、括号和分号等。英文字母不区分大小写。

(3) 一条语句可以分多行编写,但不能在一个完整项(如语句名、短语名、数据库名、数据源名、字段名、函数调用或数据等)的中间分行。

七、实验步骤

1. 浏览岗位的相关信息

(1) 进入 SQL 语句编辑窗口:在 phpMyAdmin 的主页,单击数据库名"rczp"→数据表名"gwb"→代码编辑工具"编辑"。

(2) 生成 SQL 的 Select 语句:单击 SQL 语句编辑窗口中的 SELECT 按钮,生成的语句如图 3-1 所示。

(3) 编辑 Select 语句:在 SQL 语句编辑框中,删除左单引号、公司名称和 WHERE 1 等多余信息。修改后的语句如下:

```
SELECT 岗位编号, 岗位名称, 最低学历, 最低学位, 人数, 年龄上限, 年薪,
        笔试成绩比例, 笔试日期, 聘任要求 FROM gwb
```

(4) 执行 Select 语句:单击 SQL 语句的编辑窗口中的"执行"按钮,在 Select 语句的执行结果窗口(如图 3-2 所示)中可以观察到运行结果。

(5) 如果执行 Select 语句出错或者运行结果不符合要求,则需要再单击 SQL 语句编辑窗口中的工具,回到编辑窗口再次编辑、运行 Select 语句。

2. 查看招聘超过 1 人的岗位情况

(1) 对前述 Select 语句进行适当取舍和扩充,最后设计的语句如下:

```
SELECT 岗位编号, 岗位名称, 人数, 聘任要求 FROM gwb WHERE 人数>1
```

(2) 单击 SQL 语句编辑窗口中的"执行"按钮,执行效果如图 3-3 所示。

图 3-2　Select 语句的执行结果窗口

岗位编号	岗位名称	人数	聘任要求
A0002	银行柜员	5	计算机二级，笔试：金融+会计学
A0003	律师	3	有驾照，笔试经济法+金融
A0004	会计	3	笔试经济学+金融+计算机
B0001	经理助理	3	笔试：经济学+人力资源
B0002	理财师	12	笔试：经济法+财务管理
B0003	岗前培训师	2	笔试经济学+金融+计算机

图 3-3　招聘超过 1 人的岗位情况

八、思考题

(1) 在 MySQL 命令行和 phpMyAdmin 的 SQL 语句编辑窗口中都可以编辑和执行 Select 语句，各自的特点是什么？

(2) 进入 phpMyAdmin 的主页之前，要进行哪些操作？执行数据查询的用户应该具有哪些权限？当没有数据查询权限的用户执行 Select 语句时，系统将会如何反应？

3.2 查询语句的表达式设计

表达式是语句中完成各种计算和逻辑判断任务的重要工具,常数、变量(字段)和函数都是基本表达式,要完成较复杂的计算任务,往往需要利用运算符号或谓词进一步连接表达式,设计更复杂的表达式。

一、实验目的

学习各类表达式的设计方法和手段,掌握表达式的用途和基本要素,特别是各类运算符、谓词及其相关函数的基本作用和功能,学会设计能解决实际问题的各类表达式。

二、实验任务

(1) 检索年薪为10~12万元、聘任要求包含“经济”的岗位信息。

(2) 检索岗位名称中含有“会计”或“行”字的岗位信息,输出信息包括岗位编号、岗位名称、年薪、人数和聘任要求5列信息,其中每个岗位的年薪后加“万元”两个字,列标题为“基础年薪”。

(3) 检索未来30天内笔试的岗位信息,输出内容包括岗位编号、岗位名称、最低学历、笔试日期和聘任要求。其中最低学历(字符编码)转换成学历名称,对应的列标题为“学历要求”。

三、任务分析

3个任务都需要设计数据检索条件,主要设计Select语句的Where <条件表达式>。条件表达式由关系运算、逻辑运算、谓词运算及其相关函数组成,运算结果为逻辑真(非0)或假(0)。第1个任务用谓词Like和Between设计条件表达式;第2个任务用谓词RLike和Like均可以设计条件表达式,但用RLike效果更佳;最后一个任务需要用DateDiff函数和关系运算设计条件表达式。

对于Select <表达式>(计算列),设计第2个任务时,需要引用Concat函数;设计第3个任务时,需要借用ELT函数实现相关的任务要求。

四、预备知识

(1) **谓词区间判断 Between:** X Between Y And Z,等效于 X>=Y And X<=Z。

(2) **谓词匹配运算 Like:** <字符串表达式1>Like <字符串表达式2>,字符串表达式2中可含匹配符号“%”和“_”,表示其位置任意多个或一个符号。

(3) **谓词选择匹配运算 RLike:** <字符串表达式>RLike <子串1>[|<子串2>… |<子

串 n>]，一般用于分析字符串表达式的值中是否含有子串之一。

(4) **DateDiff(D1,D2)函数**：计算 D1 与 D2 两个日期之间的天数。如果第一个参数为系统日期函数 CurDate()，则可以计算 D2 到调用该函数当天的天数。

(5) **Concat(S_1[,S_2…,S_n])**：字符串连接函数。返回 n 个字符串连接后的字符串，其中 S_i 也可以是数值型数据。

(6) **ELT(N,S_1[,S_2,…,S_m])**：数据编码转换成名称的函数。

五、技能点

(1) **条件表达式设计**：恰当地运用各类运算符和函数设计 Where <条件表达式>。

(2) **计算列设计**：正确设计 Select <表达式>，同时可以为计算列起列名称及标题。

六、注意事项

(1) 在调用函数时，参数要写在小括号内。即使没有参数，小括号也不能省略。

(2) 在 Like 和 RLike 运算符右侧的字符串表达式中，所包含的“%”“_”“|”不是要检索的符号，它们的含义是匹配符号或分隔符号。

(3) 调用 ELT 函数时，第一个参数是数值或数字串型表达式；其他参数为对应编码（从 1 开始）名称的字符串型表达式。

(4) 调用 DateDiff 函数时，两个参数均为日期型表达式，日期型常数要用单引号或双引号引起来。

(5) Where <条件表达式>中可以包含字段名、常数和普通函数，但不能使用 As 定义的列名和有关数据统计（聚类）函数（如 AVG、MAX 和 Sum 等）。

(6) 用<表达式>As <列名称>为计算列命名时，As 左右至少各有一个空格，省略 As 时，表达式与列名称之间至少有一个空格。

七、设计步骤

1. 检索年薪为 10～12 万元、聘任要求包含“经济”的岗位信息

(1) 在 phpMyAdmin 的主页，单击数据库名“rczp”→数据表名“gwb”→代码编辑工具“编辑”。

(2) 在编辑框中系统生成的语句最后再加短语：WHERE 年薪 BETWEEN 10 AND 12 AND 聘任要求 LIKE "%经济%"，最后设计的语句如下：

```
SELECT * FROM gwb
   WHERE 年薪 BETWEEN 10 AND 12 AND 聘任要求 LIKE "%经济%"
```

(3) 单击 SQL 语句的编辑窗口中的“执行”按钮，执行效果如图 3-4 所示。

2. 检索岗位名称中含有“会计”或“行”字的岗位信息

与上述设计和执行过程相似，满足任务要求的语句如下：

岗位编号	岗位名称	最低学历	最低学位	人数	年龄上限	年薪	笔试成绩比例	笔试日期	聘任要求	公司名称
A0001	行长助理	3	2	1	24	11	70	2022-10-14	有驾照，笔试经济学+金融	工商前进支行
A0004	会计	3	3	3	35	10	60	2022-10-10	笔试经济学+金融+计算机	工商前进支行
B0001	经理助理	5	5	3	30	12	50	2023-10-21	笔试：经济学+人力资源	腾讯总公司
B0003	岗前培训师	3	3	2	35	10	50	2023-05-08	笔试经济学+金融+计算机	工商前进支行

图 3-4　年薪为 10～12 万元、聘任要求包含“经济”的岗位信息

```
SELECT 岗位编号,岗位名称,CONCAT(年薪,"万元") AS 基础年薪,人数,聘任要求 FROM gwb
      WHERE 岗位名称 RLIKE "会计|行"
```

执行效果如图 3-5 所示。

岗位编号	岗位名称	基础年薪	人数	聘任要求
A0001	行长助理	11万元	1	有驾照，笔试经济学+金融
A0002	银行柜员	10万元	5	计算机二级，笔试：金融+会计学
A0004	会计	10万元	3	笔试经济学+金融+计算机

图 3-5　岗位名称中含有“会计”或“行”字的岗位信息

3. 检索未来 30 天内笔试的岗位信息

(1) 单击 SQL 语句编辑窗口中的“清除”按钮。

(2) 在 SQL 语句编辑框中输入如下语句：

```
SELECT 岗位编号,岗位名称,
      ELT(最低学历,'无要求','专科','本科','研究生','博士') AS 学历要求,
      笔试日期,聘任要求 FROM gwb
      WHERE DateDiff(笔试日期,CurDate()) BETWEEN 0 AND 30
```

(3) 单击 SQL 语句编辑窗口中的“执行”按钮，执行效果如图 3-6 所示。

岗位编号	岗位名称	学历要求	笔试日期	聘任要求
D0001	计算机工程师	本科	2022-09-18	计算机相关专业本科，英语4级

图 3-6　未来 30 天内笔试的岗位信息

八、思考题

(1) 谓词 Between 能否对其他数据类型(如字符串、日期等)的数据进行运算？

(2) 谓词 RLIKE 和 LIKE 从功能方面有什么区别？在上述 Select 语句中，如果将 RLIKE 换成 LIKE，或者将 LIKE 换成 RLIKE，则应该如何设计相关的条件表达式，同样确

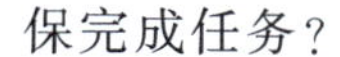

保完成任务？

(3) 用 IF 和 ELT 函数都可以将数据编码转换成名称，在什么情况下用 ELT 函数更合适？如果将性别码（1 表示男，2 表示女）转换成汉字，如何调用这两个函数？

3.3　多个数据源的查询设计

数据源是指运行查询时系统获取数据的渠道和对象。在 MySQL 数据库管理系统中，数据源可为数据表或数据视图（虚拟表）。

一、实验目的

学习和巩固多个数据源（数据表或视图）的连接方法，掌握数据源之间的常用连接类型、功能以及必要条件，学会从多个数据源中同时提取所需要的数据，深入理解数据源之间关联的作用和必要性。

二、实验任务

(1) 输出每个岗位的岗位编号、岗位名称、公司名称和公司地址。

(2) 输出本年度笔试、有人申报的岗位编码和岗位名称，多人申报的岗位仅输出一次。

(3) 输出每个岗位的岗位编号、岗位名称，申报人员的身份证号、姓名和总分，申报同岗位人员连续输出，并按总分由高到低排序。

(4) 输出目前还没有人申报的岗位，内容包括岗位编号和岗位名称。

三、任务分析

第 1 个任务要求输出的岗位编号、岗位名称、公司名称都来源于岗位表（gwb），但公司地址来源于公司表，因此，需要同时连接这两个表。

第 2 个任务要求输出岗位编码和岗位名称，输出条件之一需要笔试日期，可以从岗位表（gwb）中得到这些字段。但是，输出条件之二是有人申报的岗位，也就是说仅输出岗位成绩表（gwcjb）中存在的岗位。因此，还需要 gwb 和 gwcjb 两个表进行连接才能完成任务。另外，还要加 Distinct 短语，避免输出重复的数据行。

第 3 个任务需要 gwb 中的岗位编号、岗位名称和笔试成绩比例，从 ypryb 中得到身份证号和姓名，从 gwcjb 中提取笔试成绩和面试成绩，因此，完成这个任务需要 gwb、ypryb 和 gwcjb 三个表连接。此外，还需要 Order By 短语对岗位编号和总分两个关键字进行排序。

第 4 个任务依据是否有人申报来决定输出岗位信息，实质要输出岗位表（gwb）与 gwcjb 无关联的记录，连接类型可以选择左连接 Left Join 或右连接 Right Join，并与 IsNull 函数结合操作。

四、预备知识

从多个数据源进行数据查询,需要数据源之间进行连接。在MySQL数据库管理系统中,数据源之间的连接方式有如下两种。

(1) **From <数据源名表>Where <连接条件>**:数据源名表是用半角逗号“,”分隔的多个数据源名,数据源名可为数据表名或视图名;连接条件通常是两个数据源关联关键字的等值表达式。

(2) **From <数据源名1>[<连接类型><数据源名2>][On <连接条件>]**:连接类型常用Join(内连接)、Left Join(左连接)、Right Join(右连接)和Natural Join(自然连接)4种。连接条件通常也是关联关键字的等值表达式。此种连接方式通常要比第一种连接方式速度快。而Natural Join不用On <连接条件>,实质是两个数据源中同名字段的等值连接。

五、技能点

(1) **连接类型选择**:选择合适的连接方式和类型可以简化Select语句,提高数据查询速度。

(2) **连接条件设计**:为数据源之间的连接设置表达式,表达式的值是决定数据源中记录连接成功与否的条件。

六、注意事项

(1) 两个或更多数据源中出现的字段名,其前必须加“数据源名.”,但连接类型为Natural Join时,不受此限制。

(2) On <连接条件>必须与某个连接类型(Join、Left Join或Right Join等)结合使用,不能单独存在。

(3) Select语句中各个数据源之间都要直接或间接地进行关联,否则,将产生不可预测的查询结果。

(4) 用From <数据源名表>短语说明多个数据源,数据源之间的连接条件必须写在Where <连接条件>中,不能写在On <连接条件>中。同样,用From <数据源名1><连接类型><数据源名2>短语,数据源之间的连接条件必须写在On <连接条件>中,而不能写在Where <连接条件>中。总之,两种连接方式不能组合使用。

七、设计步骤

(1) 输出每个岗位的岗位编号、岗位名称、公司名称和公司地址,可以用下列3种语句形式之一实现。

① 用From <数据源名表>Where <连接条件>设计:

```
SELECT 岗位编号,岗位名称,gwb.公司名称,地址 FROM gwb,公司表
    WHERE gwb.公司名称=公司表.公司名称;
```

② 用 From <数据源名 1>Inner Join <数据源名 2>On <连接条件>设计：

```
SELECT 岗位编号,岗位名称, gwb.公司名称,地址 FROM gwb INNER JOIN 公司表
    ON gwb.公司名称=公司表.公司名称;
```

③ 用 From <数据源名 1>Natural Join <数据源名 2>设计：

```
SELECT 岗位编号,岗位名称,公司名称,地址 FROM gwb Natural JOIN 公司表;
```

隐含说明连接条件为“gwb.公司名称＝公司表.公司名称”。

3 条语句输出的结果相同,执行效果如图 3-7 所示。

(2) 输出本年度笔试、有人申报的岗位编号和岗位名称：

```
SELECT DISTINCT gwb.岗位编号,岗位名称
    FROM gwb INNER JOIN gwcjb ON gwb.岗位编号=gwcjb.岗位编号
    WHERE year(笔试日期)=year(CurDate());
```

语句的执行效果如图 3-8 所示。

岗位编号	岗位名称	公司名称	地址
A0001	行长助理	工商前进支行	长春市高新区
A0002	银行柜员	工商前进支行	长春市高新区
A0003	律师	工商前进支行	长春市高新区
A0004	会计	工商前进支行	长春市高新区
B0001	经理助理	腾讯总公司	北京市中关村
B0002	理财师	腾讯总公司	北京市中关村
B0003	岗前培训师	工商前进支行	长春市高新区
D0001	计算机工程师	工商前进支行	长春市高新区

图 3-7　含公司地址的岗位信息

岗位编号	岗位名称
A0001	行长助理
A0002	银行柜员

图 3-8　本年度笔试的岗位信息

(3) 输出每个岗位的岗位编号、岗位名称、身份证号、姓名和总分：

```
Select 岗位编号, 岗位名称, 身份证号, 姓名,
    笔试成绩 * 笔试成绩比例/100+面试成绩 * (1-笔试成绩比例/100) As 总分
    From GWB Natural Join GWCJB Natural Join YPRYB
    Order By 1, 总分 DESC ;
```

语句的执行效果如图 3-9 所示。

(4) 输出目前无人申报的岗位信息的语句如下：

```
SELECT gwb.岗位编号, 岗位名称
    FROM gwb LEFT JOIN gwcjb ON gwb.岗位编号=gwcjb.岗位编号
    WHERE ISNULL(身份证号);
```

语句的执行效果如图 3-10 所示。

岗位编号	岗位名称	身份证号	姓名	总分
A0001	行长助理	229901199305011575	赵明	85.5000
A0001	行长助理	11980119921001132X	王丽敏	79.5000
A0002	银行柜员	229901199503121538	刘德厚	81.5000
A0002	银行柜员	229901199305011575	赵明	75.5000
A0002	银行柜员	219901199001011351	郝帅	70.0000
B0001	经理助理	11980119921001132X	王丽敏	82.5000
B0001	经理助理	219901199001011351	郝帅	67.5000
B0001	经理助理	229901199305011575	赵明	55.0000

图 3-9 应聘人员的成绩信息

岗位编号	岗位名称
A0003	律师
A0004	会计
B0003	岗前培训师
D0001	计算机工程师

图 3-10 无人申报的岗位信息

八、思考题

(1) 任务 2 的设计语句中,数据源之间的连接类型及条件是否也可以用自然连接来实现? 如何修改 Select 语句才能用自然连接? 自然连接有哪些优点? 要使用自然连接,对定义表结构有哪些要求?

(2) 如何修改任务 3 的 Select 语句,使之用内连接完成本任务?

(3) 如何修改任务 4 的 Select 语句,使之用右连接完成本任务?

(4) 在本实验的 Select 语句中,有几处出现"gwb.岗位编号",哪条语句中可以省略"gwb."? 为什么其他位置不能省略"gwb."?

3.4 数据统计分析设计

数据统计分析通常指数据排序、数据分组及其数据个数、最大值、最小值、合计和平均值等方面的统计分析。

一、实验目的

学习数据的排序和统计分析技术,掌握 SQL 语句在数据统计分析方面的作用、设计方法及要领,增强用计算机技术进行数据统计分析的意识,提升使用数据库技术解决实际应用问题的能力。

二、实验任务

(1) 输出各个岗位的申报情况,包括公司名称、岗位编号、岗位名称、身份证号(申报人员)、姓名和笔试成绩。同一公司的,按岗位编号排序;同一岗位的,按笔试成绩由高到低排序。

(2) 输出有人申报的每个岗位情况,包含岗位编号、岗位名称、申报人数,总分的最高

分、最低分及平均分，小数点后均保留一位。数据按申报人数由多到少进行排列。

(3) 输出缺额的岗位情况，包括目前还没有申报满额或没人申报的岗位编号、岗位名称、招聘人数、申报人数和缺额人数，按缺额的多少排列输出结果。

(4) 输出笔试平均成绩前三名的岗位编号、岗位名称、申报人数和平均成绩，平均成绩保留小数点后一位。

(5) 用 SQL-Select 语句输出各时期的 GDP 情况。内容包括时期、最高 GDP 亿元、平均 GDP 亿元、最高排名、平均排名、人均最高 GDP、人均平均 GDP、人均最高排名和人均平均排名。

三、任务分析

第 1 个任务是多个排序关键字的排序问题。第一个排序关键字为公司名称，第二个排序关键字为岗位编号，前两个排序关键字升序或降序均可。第三个排序关键字为笔试成绩，必须为降序排序方式。

第 2 个任务是分组统计及排序分析问题，分组关键字是岗位编号，排序关键字是申报人数。由于仅输出有人申报的岗位信息，因此设计需要 gwb 和 gwcjb 按岗位编号进行内连接或自然连接。另外，总分=笔试成绩 * 笔试成绩比例/100+面试成绩 *（1-笔试成绩比例/100）。

第 3 个任务由于要输出有人申报和无人申报的岗位情况，因此设计需要 gwb 和 gwcjb 按岗位编号进行左连接。此外，按要求仅输出没满额的岗位情况，因此，要对查询统计结果进一步筛选，需要用 Having <筛选条件>短语对查询结果再次筛选。

第 4 个任务是数据分组、排序和限制数据行的综合问题，需要用 Group By、Order By 和 Limit 短语综合设计。

第 5 个任务中，由于排名的值越小，排名越高，因此，语句中用 Min 函数计算最高排名。

四、预备知识

(1) **Order By <排序关键字>**：设置多个关键字排序，只有前面的关键字值相同时才按后面的关键字排序，并且每个排序关键字后可以加 ASC(可省略)或 DESC 以控制结果数据行的升序或降序排列。

(2) **Group By <分组关键字>**：将分组关键字值相同的数据记录统计成查询结果中的一行数据，每个分组关键字后也可以加 ASC(升序)或 DESC(降序)以控制结果数据行的排列顺序。

(3) **统计(聚类)函数**：Group By 短语经常与 AVG(平均值)、Count(记录个数)、Max(最大值)、Min(最小值)和 Sum(合计)等聚类函数结合，对分组关键字的值进行统计分析。

五、技能点

(1) **选择排序关键字**：Order By 短语用于设置排序关键字，当要求输出前 n 行数据时，要与 Limit<行数>短语结合。

(2) **选择分组关键字**：对于“每个……、各个……”一类的任务要求，一般要用 Group By 短语设置分组关键字。如果要进一步筛选掉统计结果中的部分数据行，还要加 Having <条件>短语。

(3) **调用统计函数**：在 Select 语句中可以调用统计函数，如果包含 Group By 短语，则基于每个分组值的记录进行统计，否则，对全部记录进行统计。

(4) **精准应用 Where <条件>与 Having <条件>**：在 Where <条件>中，通常写从数据源中提取数据或数据源之间的连接条件，不能包含聚类函数(如 Max、Min、Avg 等)和计算列(非数据源中的列)，这类内容只能写在 Having <条件>中。

六、注意事项

(1) 当 Limit 与 Order By 短语结合时，输出结果的数据行数严格受到 Limit 短语的限制，因此，可能遗漏与最后一行同排序关键字值的其他数据行。

(2) 在含有 Group By 短语的 Select 语句查询结果中，只有统计列、分组关键字能唯一确定的列对分组关键字的值才有依存关系。

(3) 在 Where <条件>短语的表达式中，只能出现数据源中的列名及相关的运算符和函数，或者数据源之间的连接条件，但不能出现聚类函数和计算列。

七、设计步骤

(1) 输出各个岗位申报情况，设计语句如下：

```
SELECT 公司名称,岗位编号,岗位名称,身份证号,姓名,笔试成绩
    FROM gwb NATURAL JOIN gwcjb NATURAL JOIN ypryb
    ORDER BY 公司名称,岗位编号,笔试成绩 DESC;
```

运行该语句的输出结果如表 3-1 所示。

表 3-1 3 个排序关键字的查询结果

公司名称	岗位编号	岗位名称	身份证号	姓名	笔试成绩
工商前进支行	A0001	行长助理	229901199305011575	赵明	90
工商前进支行	A0001	行长助理	11980119921001132X	王丽敏	75
工商前进支行	A0002	银行柜员	229901199503121538	刘德厚	80
工商前进支行	A0002	银行柜员	229901199305011575	赵明	80
工商前进支行	A0002	银行柜员	219901199001011351	郝帅	70

（续表）

公司名称	岗位编号	岗位名称	身份证号	姓名	笔试成绩
腾讯总公司	B0001	经理助理	11980119921001132X	王丽敏	85
腾讯总公司	B0001	经理助理	219901199001011351	郝帅	75
腾讯总公司	B0001	经理助理	229901199305011575	赵明	50
腾讯总公司	B0002	理财师	11980119921001132X	王丽敏	90
腾讯总公司	B0002	理财师	219901199001011351	郝帅	89
腾讯总公司	B0002	理财师	229901199305011575	赵明	75

第一排序关键字“公司名称”，公司名称相同的记录连续输出

第二排序关键字“岗位编号”，同一公司的相同岗位记录连续输出

第三排序关键字“笔试成绩”，同一公司的相同岗位按笔试成绩由高到低输出

（2）输出有人申报的每个岗位情况，设计语句如下：

```
Select GWB.岗位编号,岗位名称,COUNT(身份证号) AS 申报人数,
    ROUND(MAX(笔试成绩*笔试成绩比例/100+面试成绩*(1-笔试成绩比例/100)),1) AS 最高分,
    ROUND(MIN(笔试成绩*笔试成绩比例/100+面试成绩*(1-笔试成绩比例/100)),1) AS 最低分,
    ROUND(AVG(笔试成绩*笔试成绩比例/100+面试成绩*(1-笔试成绩比例/100)),1) AS 平均分
    From GWB, GWCJB Where GWB.岗位编号=GWCJB.岗位编号
    GROUP BY GWB.岗位编号 ORDER BY 申报人数 DESC;
```

运行语句的输出结果如表3-2所示。

表3-2　按岗位编号分组统计结果

岗位编号	岗位名称	申报人数	最高分	最低分	平均分
B0002	理财师	4	88.7	75.0	84.1
A0002	银行柜员	3	81.5	70.0	75.7
B0001	经理助理	3	82.5	55.0	68.3
A0001	行长助理	2	85.5	79.5	82.0

同一岗位统计成一行

岗位编号能唯一确定的列

同一岗位编号的统计结果

（3）输出缺额的岗位情况的语句如下：

```
SELECT gwb.岗位编号, 岗位名称, 人数 AS 招聘人数,
    COUNT(身份证号) AS 申报人数,FLOOR(AVG(人数) -COUNT(身份证号)) as 缺额人数
    FROM gwb LEFT JOIN gwcjb on gwb.岗位编号=gwcjb.岗位编号
    GROUP BY gwb.岗位编号 HAVING 缺额人数>0 ORDER BY 缺额人数 DESC;
```

运行语句的输出结果如表3-3所示。

表 3-3　缺额的岗位情况

岗位编号	岗位名称	招聘人数	申报人数	缺额人数
B0002	理财师	12	4	8
A0004	会计	3	0	3
A0003	律师	3	0	3
A0002	银行柜员	5	3	2
B0003	岗前培训师	2	0	2
D0001	计算机工程师	1	0	1

申报人数为0，表示无人申报，是左连接(LEFT JOIN)的效果。

缺额人数由多到少排序

(4) 输出笔试平均成绩前三名岗位情况的语句如下：

```
Select 岗位编号 , 岗位名称, Count(*) As 申报人数,
    ROUND(AVG(笔试成绩),1) As 笔试平均分
    From GWB NATURAL JOIN GWCJB
    Group By 岗位编号 ORDER BY 平均分 DESC LIMIT 3;
```

运行语句的输出结果如表 3-4 所示。

表 3-4　笔试成绩前三名的岗位情况

岗位编号	岗位名称	申报人数	笔试平均分
B0002	理财师	4	84.7
A0001	行长助理	2	82.5
A0002	银行柜员	3	76.7

(5) 输出各时期的 GDP 情况。

```
SELECT 事件名称 AS 时期,
        Max( GDP 亿元 ) AS 最高 GDP 亿元,
        Floor( Avg( GDP 亿元 ) ) AS 平均 GDP 亿元,
        Min( 排名 ) AS 最高排名,
        Avg( 排名 ) AS 平均排名,
        Max( 人均 GDP ) AS 人均最高 GDP,
        Floor( Avg( 人均 GDP ) ) AS 人均平均 GDP,
        Min( 人均排名 ) AS 人均最高排名,
        Floor( Avg( 人均排名 ) ) AS 人均平均排名
FROM 国民经济状况
GROUP BY 事件名称
ORDER BY 2 DESC;
```

语句中 Floor 是对相关参数取整数的函数，运行该语句的输出结果如表 3-5 所示。

表 3-5 各时期的 GDP 情况

时期	最高 GDP 亿元	平均 GDP 亿元	最高排名	平均排名	人均最高 GDP	人均平均 GDP	人均最高排名	人均平均排名
十九大	1 210 207	1 054 648	2	2	85 698	74 822	63	75
十八大	832 036	700 763	2	2	59 592	50 741	90	95
十八大前	538 580	308 251	2	3.5	39 771	23 188	110	124

从统计结果表 3-5 可以看出，自中国共产党的十八大后(2013—2022 年)的 10 年期间，我国 GDP 一直处于世界第二位，人均 GDP 排名已经进入世界前百位，并且逐年稳步攀升。十九大后的 5 年(2018—2022 年)中，人均 GDP 排名有着更大幅度的提升，最高排名为 63 位，平均排名为 75 位。特别是二十大报告将数字经济作为我国构建现代化经济体系的重要引擎，预计在未来的 5 年中，人均 GDP 排名将稳步站在世界的平均线上(2022 年世界人均 GDP 为 1.2 万美元，排名 70 位)，预期排名将逐年提升。

八、思考题

(1) Order By 和 Group By 短语中均可以加 ASC 或 DESC 以控制结果数据行的顺序。在含有 Group By 短语的 Select 语句中，要使统计结果数据行排序，什么情况下可以不用 Order By 短语？什么情况下必须用 Order By 短语？

(2) 在完成第 3 个任务时，如何用右连接实现？

(3) Where <条件>和 Having <条件>都能起筛选数据行的作用，二者有何区别？各自适合什么情况？

3.5 SQL 语句的嵌套设计

一、实验目的

学习 SQL 语句的嵌套设计技术，掌握 SQL 语句的嵌套位置、运行过程和作用，以便利用嵌套技术解决更复杂的实际应用问题。

二、实验任务

(1) 输出无人申报的岗位情况，包含按岗位编号排序输出没人申报的岗位编号、岗位名称和招聘人数。

(2) 输出高于岗位笔试平均分的申报人员情况，包含身份证号、姓名、岗位名称和笔试成绩，申报相同岗位的，按笔试成绩由高到低排序。

(3) 输出每个岗位的笔试成绩最高分和最高分获得者的情况，包含岗位编号、岗位名称、笔试成绩最高分、身份证号和姓名，按岗位编号升序输出。

(4) 按姓名排序输出申报人员同名情况,包含身份证号、姓名、出生日期和性别。

(5) 自动填写资格审核字段的值。资格审核是否通过的条件是:满足学历和学位要求,并且笔试和面试成绩均60分及以上。用一条SQL语句填写"资格审核"字段的值。

(6) 删除没有申报任何岗位的应聘人员记录。

三、任务分析

第1个任务实质是查找gwb中有、而gwcjb中不存在的岗位,主查询用gwb输出岗位编号、岗位名称和招聘人数,在Where条件中用谓词Not In嵌套从gwcjb中查询岗位编号的子查询。也可以通过gwb与gwcjb的左连接查询实现。

第2个任务主查询需要ypryb、gwb和gwcjb 3个表连接输出身份证号、姓名、岗位名称和笔试成绩,在Where条件中设计对应岗位的笔试平均分子查询。

第3个任务的主查询需要gwb、gwcjb和ypryb 3个表连接输出岗位编号、岗位名称、笔试成绩(最高分)、身份证号和姓名,在Where条件中设计"笔试成绩="对应岗位的笔试成绩最高分的子查询,或者设计"笔试成绩>=All"对应岗位的全部笔试成绩的子查询。

第4个任务的主、子查询的数据源都是ypryb,主查询输出身份证号、姓名、性别和出生日期,第二代身份证号码的第7位至14位共8位表示出生日期,第17位为奇数表示男性,为偶数表示女性,因此,从身份证号码中可以获取应聘人员的出生日期和性别信息。在Where条件中用谓词Exists对子查询进行操作,子查询只查找与主查询当前记录的同名者人数或非本人的同名者。

第5个任务的主语句为更新gwcjb中资格审核(逻辑型)字段的Update语句,子语句为提取资格审核条件的Select。

第6个任务的主语句从ypryb中删除记录,Where条件中用谓词Not In,子查询中取gwcjb中的身份证号即可。

四、预备知识

(1) 子查询常用谓词:[Not] In、All、Any|Some和[Not] Exists。

(2) 子查询的嵌套位置:通常嵌套在以Update、Delete和Select为主语句的表达式中,具体可以嵌套在Select <表达式>、Where <条件表达式>或Update … Set <字段名>=<表达式>中。

五、技能点

(1) 子查询设计:与独立执行的Select语句有些差异,绝大多数子查询的结果为一个或一列数据;多数子查询中引用主SQL语句中的数据,因而不能独立执行。

(2) 选择子查询运算符:子查询结果为一个数据(含Null)时,可以视为一个普通数据,进行算术运算、比较运算、逻辑运算或作为函数的参数;当子查询结果为数据集时,必须用集合谓词运算符[Not] In、All、Any|Some或[Not] Exists。

六、注意事项

（1）子查询语句必须用小括号括起来，嵌套在主SQL语句的表达式中。

（2）当子查询结果为数据集时，不能用常规运算符对其进行运算，否则系统出错。

（3）当主语句为Update或Delete时，子查询的数据源不能是主语句中正处理的数据表。

七、设计步骤

（1）输出无人申报的岗位情况。

① 用嵌套语句设计如下：

```
SELECT 岗位编号,岗位名称,人数 AS 招聘人数
    FROM gwb WHERE 岗位编号 NOT IN (SELECT 岗位编号 FROM gwcjb )
    ORDER BY 岗位编号;
```

② 用数据源左连接的语句设计如下：

```
SELECT gwb.岗位编号,岗位名称,人数 AS 招聘人数
    FROM gwb LEFT JOIN gwcjb ON gwb.岗位编号=gwcjb.岗位编号
    WHERE 身份证号 IS NULL
    ORDER BY 岗位编号;
```

运行上述语句输出的结果如图3-11所示。

（2）输出高于岗位笔试平均分的申报人员情况的语句如下：

```
SELECT 身份证号,姓名,岗位名称,笔试成绩
    FROM yprуb NATURAL JOIN gwcjb AS CJB NATURAL JOIN gwb
    WHERE 笔试成绩>(SELECT AVG(笔试成绩) FROM gwcjb WHERE CJB.岗位编号=gwcjb.岗位
编号)
    ORDER BY 岗位编号,笔试成绩 DESC;
```

运行语句的输出结果如图3-12所示。

岗位编号 ▲ 1	岗位名称	招聘人数
A0003	律师	3
A0004	会计	3
B0003	岗前培训师	2
D0001	计算机工程师	1

图3-11　无人申报的岗位信息

身份证号	姓名	岗位名称	笔试成绩 ▼ 2
229901199305011575	赵明	行长助理	90
229901199503121538	刘德厚	银行柜员	80
229901199305011575	赵明	银行柜员	80
11980119921001132X	王丽敏	经理助理	85
219901199001011351	郝帅	经理助理	75
11980119921001132X	王丽敏	理财师	90
219901199001011351	郝帅	理财师	89

图3-12　高于岗位笔试平均分的申报人员情况

（3）输出每个岗位的笔试成绩最高分和最高分获得者情况。

① 用关系运算符“=”与子查询进行运算，语句设计如下：

```
SELECT 岗位编号,岗位名称,笔试成绩 AS 最高分,身份证号,姓名
    FROM gwb NATURAL JOIN gwcjb AS CJB NATURAL JOIN ypryb
    WHERE 笔试成绩=(SELECT MAX(笔试成绩) FROM gwcjb WHERE CJB.岗位编号=gwcjb.岗位编号)
    ORDER BY 岗位编号;
```

② 用谓词“>=All”与子查询进行运算,语句设计如下:

```
SELECT 岗位编号,岗位名称,笔试成绩 AS 最高分,身份证号,姓名
    FROM gwb NATURAL JOIN gwcjb AS CJB NATURAL JOIN ypryb
    WHERE 笔试成绩>=ALL (SELECT 笔试成绩 FROM gwcjb WHERE CJB.岗位编号=gwcjb.岗位编号)
    ORDER BY 岗位编号;
```

运行上述语句输出的结果如图3-13所示。

岗位编号 ▲ 1	岗位名称	最高分	身份证号	姓名
A0001	行长助理	90	229901199305011575	赵明
A0002	银行柜员	80	229901199503121538	刘德厚
A0002	银行柜员	80	229901199305011575	赵明
B0001	经理助理	85	11980119921001132X	王丽敏

图3-13 每个岗位的笔试成绩最高分及最高分获得者

(4) 输出申报人员同名情况。

① 用非本人的同名者子查询设计如下:

```
SELECT 身份证号,姓名,MID(身份证号,7,8) AS 出生日期,
    IF(MOD(MID(身份证号,17,1),2)="1","男","女") AS 性别
    FROM ypryb
    WHERE EXISTS (SELECT * FROM ypryb AS ryb
                  WHERE ypryb.姓名=ryb.姓名 AND ypryb.身份证号<>ryb.身份证号);
    ORDER BY 姓名;
```

② 用统计同名者人数的子查询设计如下:

```
SELECT 身份证号,姓名,MID(身份证号,7,8) AS 出生日期,
    IF(MOD(MID(身份证号,17,1),2)="1","男","女") AS 性别
    FROM ypryb
    WHERE (SELECT COUNT(*) FROM ypryb AS ryb WHERE ypryb.姓名=ryb.姓名)>1
    ORDER BY 姓名;
```

运行上述语句输出的结果如图3-14所示。

身份证号	姓名 ▲ 1	出生日期	性别
220104200210011548	李丽丽	20021001	女
229901199305011524	李丽丽	19930501	女
11980119921001132X	赵明	19921001	女
229901199305011575	赵明	19930501	男

图3-14 申报人员同名情况

(5) 自动填写资格审核字段值的语句如下：

```
UPDATE gwcjb SET 资格审核 =
    ( SELECT 最后学历>=最低学历 AND 最后学位>=最低学位
    FROM gwb, ypryb WHERE
    ypryb.身份证号=gwcjb.身份证号 AND gwb.岗位编号=gwcjb.岗位编号 )
    AND 笔试成绩>=60 AND 面试成绩 >=60;
```

在主语句为 Update gwcjb 的子查询语句中，可以引用主语句中的数据(如笔试成绩和面试成绩)，但子语句的数据源不能包含主语句中要更新的数据源(如 gwcjb)。

(6) 删除没有申报任何岗位的应聘人员记录的语句如下：

```
DELETE FROM ypryb
    WHERE 身份证号 NOT IN (SELECT DISTINCT 身份证号 FROM gwcjb);
```

主语句删除 ypryb 中的部分记录，因此，同样子查询的数据源不能包含 ypryb。

八、思考题

(1) 在第 1 个任务的两种设计方法中，哪种方法运行速度更快？

(2) 将下列语句的执行结果与图 3-13 进行对比分析，此语句能否完成第 3 个任务，其原因何在？

```
SELECT 岗位编号,岗位名称,MAX(笔试成绩) AS 最高分,身份证号,姓名
    FROM gwb NATURAL JOIN gwcjb NATURAL JOIN ypryb
    GROUP BY 岗位编号;
```

(3) 在完成第 4 个任务的语句中，除了用 IF 函数输出性别外，还能用哪些函数实现这种功能？修改语句中的相关内容，使之功能不变。

3.6　SQL 语句的合并(联合)设计

一、实验目的

测试多条 SQL 语句的合并效果，了解其功能范畴，掌握 SQL 语句的综合设计及应用技术，以便灵活地运用数据库技术进行数据维护和统计分析。

二、实验任务

(1) 备份 gwcjb。将岗位成绩表(gwcjb)中的数据备份到当前数据库的 cjb 表中，不需要主键。

(2) 将资格审核合格的申报信息保存到新表 shhg 中。审核合格表(shhg)中包含岗位编号、岗位名称、身份证号、姓名和总分 tinyint(3) 5 个字段。其中前 4 个字段与 gwb 或 ypryb 中对应字段的数据类型和宽度一致，岗位编号和身份证号共同组成 shhg 的主键。

(3) 输出每个岗位的申报情况。在一个查询结果中按岗位编号升序输出岗位编号、岗位名称和申报人数,以及无人申报的岗位,申报人数列填写“无人报”。

三、任务分析

第1个任务需要 Create Table 子句与 Select 基本子句合并。Create Table 子句用于创建备份表 cjb,Select 子句用于提取 gwcjb 中的全部记录和字段。

第2个任务,由于当前数据库的各个表中没有“总分”字段,并且要求有主键,因此,需要在 Create Table 语句中明确说明表 shhg 中总分字段的数据类型和主键。可以用独立的 Create Table 语句创建表,再用 Replace 或 Insert 子句与 Select 子句合并的两条语句完成,也可以用 Create Table 与 Select 子句直接合并的一条语句完成。

第3个任务用一条按岗位编号分组的 Select 语句再与另一条嵌套的 Select 语句合并进行设计,也可以考虑用 gwb 与 gwcjb 左连接(Left Join),再进行分组实现设计。

四、预备知识

SQL 语句合并主要有如下3种方式。

(1) **创建表与查询语句合并:** <Create Table 子句>[As] <Select 子句>,将查询的结果数据存于新表中。

(2) **插入与查询语句合并:** Replace|Insert [Into] <表名>[(<字段名表>)] <Select 子句>,将查询的结果存入已存在的表中,Select 子句不会改变表结构。

(3) **两条查询语句合并:** <Select 子句 1>Union [All] <Select 子句 2>,将两个查询结果的数据行合并成一个查询结果,查询结果的列标题与第一条 Select 子句的列标题一致。

五、技能点

(1) **选择 SQL 语句的合并方式:** 恰当地选择合并方式创建表与查询、增加记录与查询或查询子句合并,设计符合任务要求的合并语句。

(2) **设计 SQL 子语句:** 子语句可以是 Create Table、Replace、Insert 或 Select。

六、注意事项

(1) 如果合并结果表已经存在,则应该用 Replace|Insert [Into] <表名>[(<字段名表>)] <Select 子句>语句的形式,不能用<Create Table 子句描述>[As] <Select 子句描述>的形式,因为后者会出错。

(2) 两条子语句中对应列的数据类型可以不同,但是,数据类型之间必须可以自动转换。

七、设计步骤

(1) 将表 gwcjb 备份到 cjb 的语句如下:

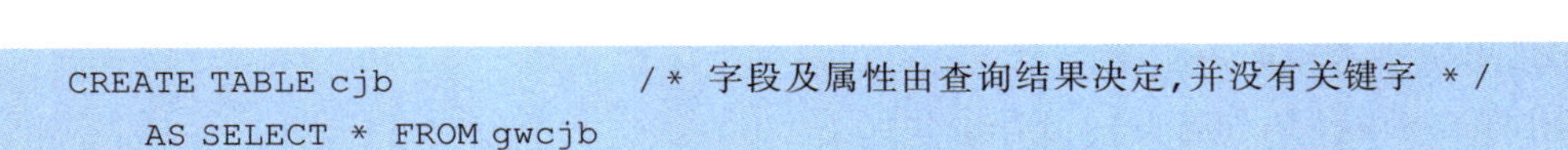

```
CREATE TABLE cjb              /* 字段及属性由查询结果决定,并没有关键字 */
    AS SELECT * FROM gwcjb
```

该语句正常执行后，在 rczp 数据库中产生表 cjb，其结构和数据记录与 gwcjb 完全相同，但是 cjb 中没有主键。

（2）将资格审核合格的申报信息保存到新表 shhg 中。

① 用 Create Table 语句创建表，再用 Insert 子句与 Select 子句合并的两条语句完成。先执行下列语句，确保 shhg 已经存在。

```
CREATE TABLE shhg (岗位编号 CHAR(5),岗位名称 CHAR(30),
    身份证号 CHAR(18),姓名 CHAR(10), 总分 TINYINT(3) ,
    PRIMARY KEY (岗位编号,身份证号)) ;
```

创建 shhg 表后，再执行下列语句：

```
INSERT INTO shhg SELECT 岗位编号, 岗位名称, 身份证号, 姓名,
    笔试成绩 * 笔试成绩比例/100+面试成绩 * ( 1 -笔试成绩比例/100)
    FROM gwb NATURAL JOIN gwcjb NATURAL JOIN ypryb
    WHERE 资格审核;
```

其中“WHERE 资格审核”表示只提取资格审核字段值为 1(真)的记录。

② 用 CREATE TABLE 与 SELECT 子句直接合并的一条语句完成：

```
CREATE TABLE shhg (总分 TINYINT(3),PRIMARY KEY (岗位编号,身份证号)) AS
    SELECT 岗位编号, 岗位名称, 身份证号, 姓名,
    笔试成绩 * 笔试成绩比例/100+面试成绩 * (1-笔试成绩比例/100) AS 总分
    From gwb NATURAL JOIN gwcjb NATURAL JOIN ypryb
    WHERE 资格审核;
```

在 CREATE TABLE 子句中没有说明岗位编号、岗位名称、身份证号和姓名的数据类型和宽度，由系统从 gwb 或 ypryb 中自动提取。执行上述语句后在 rczp 数据库中产生的 shhg 表结构如图 3-15 所示。其中数据记录如图 3-16 所示。

名字	类型	排序规则	属性	空	默认
岗位编号	char(5)	utf8_general_ci		否	无
岗位名称	varchar(30)	utf8_general_ci		否	无
身份证号	char(18)	utf8_general_ci		否	无
姓名	varchar(10)	utf8_general_ci		是	NULL
总分	tinyint(3)			是	NULL

图 3-15　shhg 表结构

岗位编号	岗位名称	身份证号	姓名	总分
A0001	行长助理	11980119921001132X	赵明	80
A0001	行长助理	229901199305011575	赵明	86
A0002	银行柜员	219901199001011351	郝帅	70
A0002	银行柜员	229901199305011575	赵明	76
A0002	银行柜员	229901199503121538	刘德厚	82
B0001	经理助理	219901199001011351	郝帅	68
B0002	理财师	11980119921001132X	赵明	89
B0002	理财师	219901199001011351	郝帅	89
B0002	理财师	229901199305011575	赵明	75

图 3-16　shhg 表中的数据记录

(3) 输出每个岗位的申报情况。

① 用两条 Select 语句合并的设计语句如下：

```
SELECT 岗位编号,岗位名称,COUNT(身份证号) AS 申报人数
    FROM gwb NATURAL JOIN gwcjb GROUP BY 岗位编号
UNION
SELECT 岗位编号,岗位名称,"无人报" FROM gwb
    WHERE 岗位编号 NOT IN (SELECT DISTINCT 岗位编号 FROM gwcjb)
ORDER BY 岗位编号;
```

② 用左连接再分组的设计语句如下：

```
SELECT gwb.岗位编号,岗位名称,IF(COUNT(身份证号),
    COUNT(身份证号),"无人报") AS 申报人数
    FROM gwb LEFT JOIN gwcjb ON gwb.岗位编号=gwcjb.岗位编号
    GROUP BY gwb.岗位编号;
```

执行这两条语句都输出如图 3-17 所示的结果。

岗位编号	岗位名称	申报人数
A0001	行长助理	2
A0002	银行柜员	3
A0003	律师	无人报
A0004	会计	无人报
B0001	经理助理	3
B0002	理财师	4
B0003	岗前培训师	无人报
D0001	计算机工程师	无人报

图 3-17　岗位的申报情况

八、思考题

(1) SQL 语句的合并有哪些方式？每种方式适合完成哪类任务？

(2) 在 SQL 语句的各种合并方式中，如果两个子语句的列数不一致，或者对应的数据类型及宽度不一致时，系统将如何处理？

(3) SQL 语句的嵌套和合并都是将多条语句组合成一条语句，二者有哪些异同？嵌套的语句是否可以再合并？

3.7　视图的创建及应用

一、实验目的

了解视图的构造方法，学会视图的应用过程及用途，以便解决更复杂的实际应用问题时，思路更清晰，语句更简捷。

二、实验任务

（1）输出无人申报的岗位情况。利用视图输出无人申报的岗位编号、岗位名称和招聘人数。

（2）输出高于笔试平均分的申报情况。利用视图输出高于所报岗位笔试平均分的申报人员的身份证号、姓名、岗位编号、岗位名称和笔试成绩，同一岗位的按笔试成绩由高到低排列输出。

（3）利用视图按岗位编号排序输出各个岗位编号、岗位名称、笔试最高分以及获得该成绩的身份证号和姓名。

三、任务分析

第1个任务，首先，通过左连接或嵌套创建无人申报岗位编号的视图 wrb，再利用 gwb 与该视图自然连接输出所要求的信息。

第2个任务，先利用岗位编号分组创建每个岗位编号、笔试最高分和笔试平均分3列的视图 gwtj，再对 gwb、ypryb、gwcjb 和 gwtj 这4个数据源进行连接，输出申报情况。

第3个任务可以利用第2个任务中创建的视图 gwtj 与表 gwb、ypryb、gwcjb 进行连接，实现设计。

四、预备知识

（1）创建视图的基本语句格式：

```
Create [ Or Replace ] View <视图名>[ (列名称表) ] As <Select 子句>
```

（2）视图的应用：视图也称虚拟表，因此，视图可以单独使用，也可以作为查询或其他视图的数据源。

五、技能点

（1）**创建视图**：创建视图的关键在于设计 Select 语句，巧妙地设计视图可以使视图具有通用性，简化问题的求解过程。

（2）**应用视图**：视图与数据表类似，可以作为 SQL 语句的数据源。充分利用视图，可以使复杂问题简单化，解题思路更清晰。

六、注意事项

（1）列名称表中的列数要与 Select 子句查询结果中的列数一致，并按前后顺序一一对应。

(2) 当省略列名称表时,视图中的列数及各列名称由 Select 子句的查询结果确定。

七、实验步骤

1. 输出无人申报的岗位情况

(1) **进入 SQL 语句编辑窗口**:在 phpMyAdmin 的主页,单击数据库名"rczp"→数据表名"gwb"→代码编辑工具"编辑"。

(2) **编辑创建无人申报岗位编号的视图 wrb 语句**:在 SQL 语句编辑框中,输入如下语句:

```
CREATE VIEW wrb AS
    SELECT gwb.岗位编号 FROM gwb LEFT JOIN gwcjb ON gwb.岗位编号=gwcjb.岗位编号
    WHERE 身份证号 IS NULL;
```

(3) 创建视图 wrb:单击 SQL 语句编辑窗口中的"执行"按钮,在数据库名"rczp"中增加视图 wrb。

(4) 应用视图 wrb 输出无人申报岗位信息的语句:

```
SELECT 岗位编号,岗位名称,人数 AS 招聘人数 FROM gwb NATURAL JOIN wrb
```

运行此语句输出的结果如图 3-18 所示。

岗位编号	岗位名称	招聘人数
A0003	律师	3
A0004	会计	3
B0003	岗前培训师	2
D0001	计算机工程师	1

图 3-18 无人申报的岗位情况

2. 输出高于笔试平均分的申报情况

(1) 创建每个岗位笔试平均分视图 pjf 的语句:

```
CREATE VIEW gwtj AS
    SELECT 岗位编号,MAX(笔试成绩) AS 笔试最高分,
        AVG(笔试成绩) AS 笔试平均分 FROM gwcjb GROUP BY 岗位编号;
```

(2) 创建视图 gwtj:单击 SQL 语句编辑窗口中的"执行"按钮,在数据库名"rczp"中增加视图 gwtj。

(3) 应用视图 gwtj 输出高于笔试平均分的申报情况,语句如下:

```
SELECT 身份证号,姓名,岗位编号,岗位名称,笔试成绩
    FROM ypryb NATURAL JOIN gwcjb NATURAL JOIN gwb NATURAL JOIN gwtj
    WHERE 笔试成绩 >笔试平均分
    ORDER BY 岗位编号,笔试成绩 DESC;
```

运行此语句输出的结果如图 3-19 所示。

身份证号	姓名	岗位编号 ▲ 1	岗位名称	笔试成绩 ▼ 2
229901199305011575	赵明	A0001	行长助理	90
229901199503121538	刘德厚	A0002	银行柜员	80
229901199305011575	赵明	A0002	银行柜员	80
11980119921001132X	赵明	B0001	经理助理	85
219901199001011351	郝帅	B0001	经理助理	75
11980119921001132X	赵明	B0002	理财师	90
219901199001011351	郝帅	B0002	理财师	89

图 3-19　高于笔试平均分的申报情况

3. 输出各个岗位及笔试最高分情况

```
SELECT 岗位编号，岗位名称，笔试最高分，身份证号，姓名
    FROM yprуb NATURAL JOIN gwcjb NATURAL JOIN gwb NATURAL JOIN gwtj
    WHERE 笔试成绩 =笔试最高分
    ORDER BY 岗位编号;
```

运行此语句输出的结果如图 3-20 所示。

岗位编号 ▲ 1	岗位名称	笔试最高分	身份证号	姓名
A0001	行长助理	90	229901199305011575	赵明
A0002	银行柜员	80	229901199503121538	刘德厚
A0002	银行柜员	80	229901199305011575	赵明
B0001	经理助理	85	11980119921001132X	赵明
B0002	理财师	90	11980119921001132X	赵明

图 3-20　各个岗位及笔试最高分情况

八、思考题

（1）数据表和视图都可以作为 SQL 语句的数据源，二者的作用有哪些区别？在什么情况下应用视图更方便？

（2）如何设计完成第 2 和 3 两个任务的 SQL 嵌套语句？

第4单元　MySQL程序设计

MySQL 的程序分为存储过程、存储函数、触发器和事件代码4类，与使用大量独立的SQL语句相比，使用程序更易于代码的优化、重用和维护。

4.1　分支、循环结构程序设计

一、实验目的

理解程序中分支结构和循环结构的概念和作用，掌握定义分支结构和循环结构的语句格式，能够根据实际需要设计含有分支结构和循环结构的程序。

二、实验任务

（1）过程体中已经计算出各工作岗位的应聘人数并保存在局部变量 yprs 中，使用 if 语句将应聘人数转换为等级，即应聘人数超过 500 的属于“炙手可热岗位”，超过 200 且没超过 500 的属于“超级受欢迎岗位”，超过 50 且没超过 200 的属于“受欢迎岗位”，没超过 50 的属于“一般岗位”，结果保存在已声明的局部变量 rsdj 中。用 Case 语句实现。

（2）分别用 While、Repeat 和 Loop 结构设计实现计算 1～1000 自然数之和的程序。

三、任务分析

第1个任务需要使用分支结构实现条件的判断，条件分别为 yprs>500、yprs>200 and yprs <=500、yprs>50 and yprs<=200 和 yprs<=50。

第2个任务需要使用循环结构实现。

四、预备知识

1. 声明变量

```
Declare <变量名 1>[,变量名 2[,…]] <数据类型>[Default <表达式>]
Set 变量名 1=表达式 1 [,变量名 2=表达式 2 [,…] ]
```

2. 分支结构

在 MySQL 程序设计中，有 If 和 Case 两种结构。

(1) If 结构：

```
If 条件 1 Then 语句组 1
[ElseIf 条件 2 Then 语句组 2]…
    [Else 语句组 n ]
End If;
```

(2) Case 结构：

```
Case 表达式
  比较的值 1 Then 语句组 1
  [比较的值 2 Then 语句组 2]
  …
  [Else 语句组 n ]
End Case;
```

3. 循环结构

在 MySQL 中，常用的循环有 While、Repeat 和 Loop 3 种结构。

(1) While 结构：

```
[<循环名>: ] While <循环条件>Do
                    <语句组>
                  End While [<循环名>]
```

(2) Repeat 结构：

```
[<循环名>: ] Repeat
                <语句组>
                Until <循环条件>
             End Repeat [<循环名>]
```

(3) Loop 结构：

```
[<循环名>: ] Loop
                <语句组>
             End Loop [<循环名>]
```

五、技能点

(1) 声明变量。用 Declare 命令定义变量及数据类型，Set 命令为变量赋初值。

(2) 设计分支结构程序。用 If…End If 或 Case…End Case 语句实现分支结构。

(3) 设计循环结构程序。用 While…End While 语句实现循环结构。

六、注意事项

(1) 局部变量只能在过程式数据库对象的过程体的 Begin…End 复合语句中声明,并在其中使用。

(2) Declare 语句必须是过程体的第一条语句。

(3) 可以使用 Set 语句直接赋值创建会话变量。

(4) If 结构使用 End If 作为结束标识,两者必须搭配使用。

(5) Leave 语句和 Iterate 语句应该用在循环体中的分支语句内。

七、设计步骤

1. If 分支结构部分程序

```
If yprs>500 then rsdj="炙手可热岗位";
    Elseif yprs>200 then rsdj="超级受欢迎岗位";
    Elseif yprs>50 then rsdj="受欢迎岗位";
    Else rsdj="一般岗位";
End If;
```

2. Case 分支结构部分程序

```
Case
    When yprs>500 then rsdj="炙手可热岗位";
    When yprs>200 then rsdj="超级受欢迎岗位";
    When yprs>50 then rsdj="受欢迎岗位";
    Else rsdj="一般岗位";
End Case;
```

3. While 循环结构程序

```
Declare s,i int;
Set i=1,s=0;
While i<=1000
    Set s=s+i;
    Set i=i+1;
End While;
```

4. Repeat 循环结构程序

```
Declare s,i int;
Set i=1,s=0;
Repeat
    Set s=s+i;
```

```
    Set i=i+1;
    Until i>1000
End Repeat;
```

5. Loop 循环结构程序

```
Declare s,i int;
Set i=1,s=0;
Loop
    Set s=s+i;
    Set i=i+1;
    If i>1000 Then Leave;
    End If;
End Loop;
```

八、思考题

(1) 在定义局部变量时，Declare 和 Set 语句有什么区别？

(2) 会话变量有什么作用？如何定义？

(3) 在处理较复杂的分支结构时，通常使用哪种分支？

(4) While 语句、Repeat 语句和 Loop 语句有什么区别？是否可以使用不同的循环结构实现相同的功能？

4.2　存储过程设计

一、实验目的

理解存储过程的概念和作用，熟练掌握 MySQL 命令和 phpMyAdmin 可视化工具两种方式创建、管理和调用存储过程，能够根据实际需要设计存储过程。

二、实验任务

(1) 通过 MySQL 命令创建存储过程 gwcjb_sl，根据应聘人员的身份证号获取该人员参加岗位招聘考试并通过审核的总个数。

(2) 通过 MySQL 命令调用存储过程 gwcjb_sl。

(3) 通过 phpMyAdmin 的可视化工具创建存储过程 ypryb_rs，根据出生年份参数获取应聘人员出生年份早于或等于该参数的人员数量。

(4) 通过 phpMyAdmin 的可视化工具调用存储过程 ypryb_rs。

(5) 通过 phpMyAdmin 的可视化工具修改存储过程 ypryb_rs，根据两个出生年份参数获取出生年份介于两个参数之间的人员数量。

(6) 通过 phpMyAdmin 的可视化工具创建存储过程 yprybtj，用于统计 ypryb 表中不同学历的人员数量。

三、任务分析

设计存储过程，可以使用 MySQL 命令和 phpMyAdmin 可视化工具两种方式。存储过程 gwcjb_sl 和 ypryb_rs 需要定义输入、输出参数，接收数据并返回值；存储过程 ypryb_tj 由于要获取表中的多行数据，因此需要定义游标并且使用分支、循环结构实现。

四、预备知识

(1) 创建存储过程语句的格式：

```
Create Procedure [<数据库名>.]<存储过程名>([In|Out|InOut <形式参数名 1><数据类型 1>[,…]])
```

(2) 定义、打开、读取游标语句的格式：

```
Declare <游标名称> Cursor For <Select 语句>
Open <游标名称>
Fetch <游标名称> Into <变量名 1>[,<变量名 2>…]
```

(3) 调用存储过程语句的格式：

```
Call [数据库名.]<存储过程名>([实际参数 1[,…]])
```

(4) phpMyAdmin 创建存储过程：在 phpMyAdmin 的主页中选择当前数据库名(如 RCZP)，选择“程序”选项卡中的“添加程序”按钮，进入 MySQL 存储过程的编辑窗口，如图 4-1 所示。

五、技能点

(1) 创建存储过程。用 MySQL 命令和 phpMyAdmin 可视化工具均可创建存储过程。

(2) 定义、打开、读取游标。用 Declare、Open 和 Fetch 命令分别定义、打开和读取游标。

(3) 调用存储过程。用 MySQL 命令和 phpMyAdmin 可视化工具均可调用存储过程。

(4) 修改、删除存储过程。使用 MySQL 命令和 phpMyAdmin 可视化工具均可修改、删除存储过程。

六、注意事项

(1) MySQL 语句中出现的数据库、数据表或字段名以外的符号一律以半角方式输入，如 Create 以及引号、逗号、圆点、括号和分号等，并且英文字母不区分大小写。

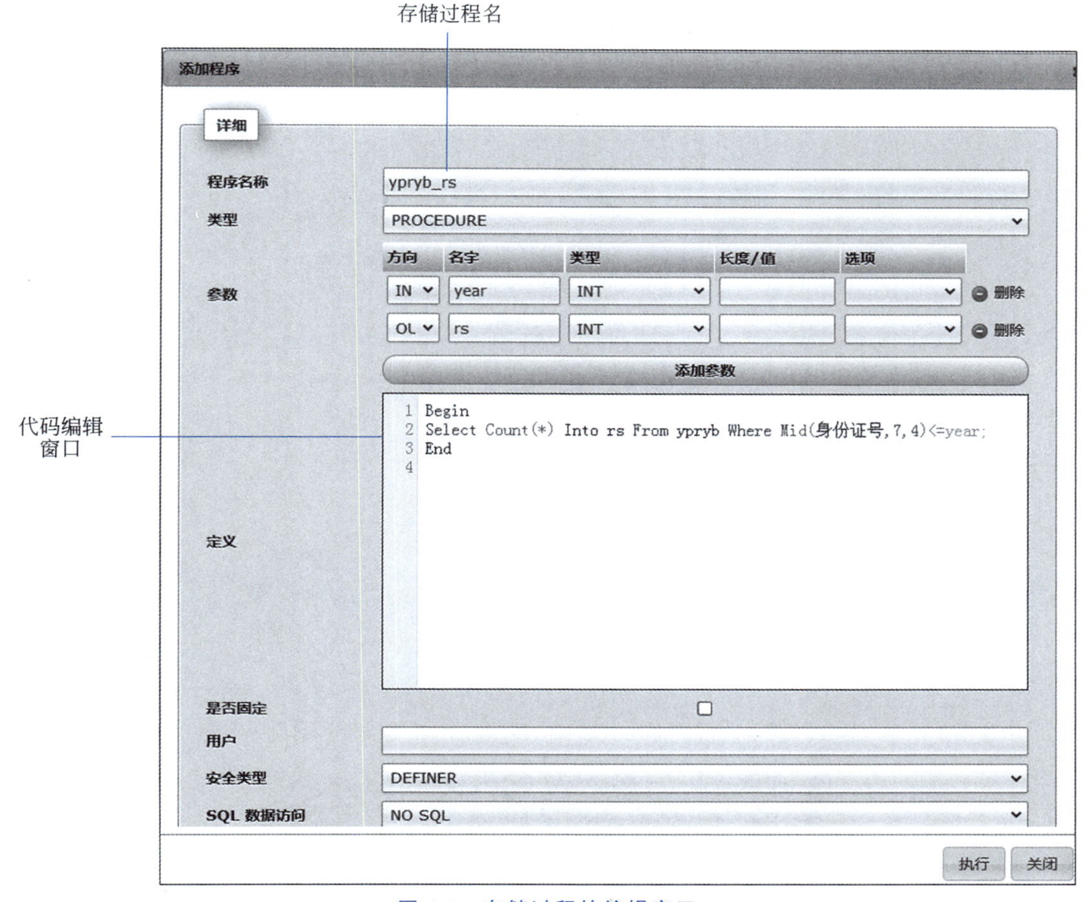

图 4-1　存储过程的编辑窗口

(2) 使用 MySQL 语句创建和调用存储过程时，按 F1 键或→键可以逐个字符复制前一条执行过的 MySQL 语句，按 F7 键可以列出全部执行过的 MySQL 语句，供用户选择执行。

(3) 存储过程是数据库中的对象，在创建存储过程时需要先指定数据库。

(4) MySQL 默认的语句结束符号是分号，以命令行方式设计存储过程时，为了避免与存储过程中的 SQL 语句结束符冲突，需要使用 Delimiter 改变存储过程的结束符，如“Delimiter ##”，存储过程定义完毕后需要使用“Delimiter ;”恢复默认的结束符。

(5) 使用 Fetch 读取数据前，必须先声明并打开游标，使用完毕，要关闭游标。

七、设计步骤

1. 通过 MySQL 命令行方式创建存储过程 gwcjb_sl

(1) 登录 MySQL 客户端：打开 XAMPP 控制面板，单击 shell 按钮，在 XAMPP for Windows 窗口中输入如下命令，登录 MySQL 客户端：

```
Mysql -uroot -p
```

在提示信息“enter password:”后输入 root 用户的密码后按 Enter 键进入 MySQL 客户端。

（2）在 MySQL 命令行创建存储过程：依次输入如下语句。

```
Use RCZP;                  /* 打开 RCZP 数据库,使之成为当前数据库 */
Delimiter ##               /* 定义 SQL 语句的结束标识为## */
Create Procedure gwcjb_sl (in sfzh varchar(18), out sl int)
Begin
Select Count(*) Into sl From gwcjb Where 身份证号=sfzh And 资格审核;
End ##                     /* 完整的存储过程结束,其结束标识为## */
Delimiter ;                /* 恢复语句的结束标识为; */
```

输入 End ##并按 Enter 键后，系统提示“Query OK，0 row affected(0.00sec)”，存储过程创建完成。

2. 在 MySQL 命令行调用存储过程 gwcjb_sl

在 MySQL 命令行调用存储过程：依次输入如下语句。

```
Set @sfzh='11980119921001132X';
Set @sl=0;
Call gwcjb_sl(@sfzh,@sl);
Select @sl;
```

如图 4-2 所示，输入最后一行内容并按 Enter 键后，系统显示调用存储过程的结果。

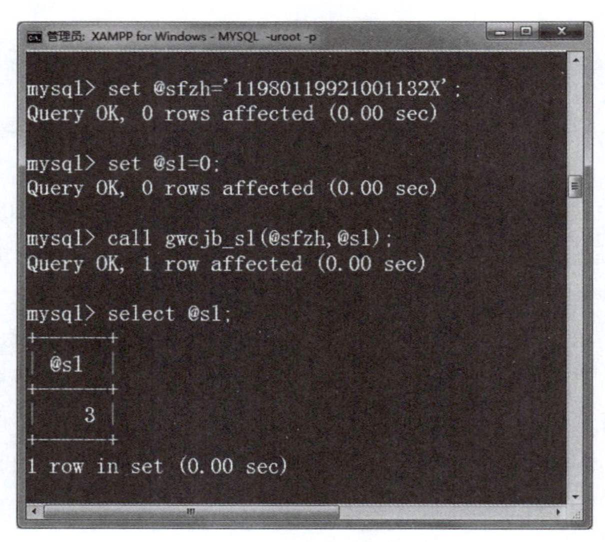

图 4-2　在 MySQL 命令行调用存储过程

继续输入如下语句，多次调用存储过程，查看结果。

```
Set @sfzh='229901199305011575';
Call gwcjb_sl(@sfzh,@sl);
Select @sl;
Set @sfzh=' 219901199001011351';
```

```
Call gwcjb_sl(@sfzh,@sl);
Select @sl;
```

3. 在 phpMyAdmin 主页创建存储过程 ypryb_rs

（1）启动 phpMyAdmin 主页：打开 XAMPP 控制面板，单击 XAMPP 控制面板中 MySQL 行中的 Admin 按钮，在 phpMyAdmin 的登录页面中输入用户名和密码，单击“执行”按钮。

（2）在 phpMyAdmin 主页添加程序：单击 RCZP 数据库名→“程序”→ “添加程序”按钮，如图 4-3 所示。

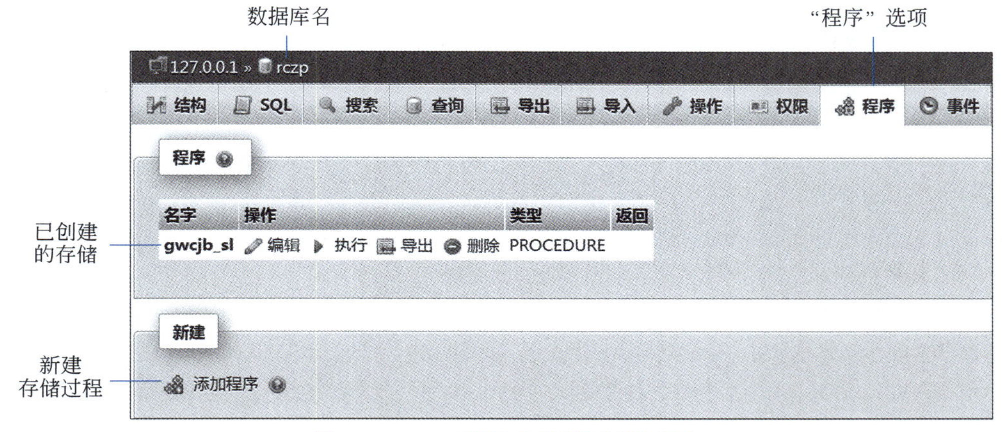

图 4-3　RCZP 数据库的“程序”选项卡

（3）在 phpMyAdmin 主页创建存储过程：在“添加程序”窗口，设置“程序名称”为 ypryb_rs，“类型”为 PROCEDURE；设置第一个参数“方向”为 IN，“名字”为 year，“类型”为 INT；单击“添加参数”按钮，设置第二个参数“方向”为 OUT，“名字”为 rs，“类型”为 INT，在“定义”框中编写代码如下。

```
Begin
    Select Count(*) Into rs From ypryb Where Mid(身份证号,7,4)<=year;
End
```

如图 4-1 所示，单击该窗口中的“执行”按钮生成存储过程。

4. 在 phpMyAdmin 主页调用存储过程

（1）调用存储过程：在 phpMyAdmin 主页中，单击导航面板中的 RCZP 数据库，选择“程序”选项卡，单击 ypryb_rs 行中的“执行”按钮。

（2）输入参数：进入“运行程序`ypryb_rs`”界面，如图 4-4 所示。在 year 的“值”列输入 1995，单击“执行”按钮，在 phpMyAdmin 主页中，即可查看运行结果。

5. 在 phpMyAdmin 主页修改存储过程 ypryb_rs

（1）修改存储过程：在 phpMyAdmin 主页中，单击导航面板中的 RCZP 数据库，选择

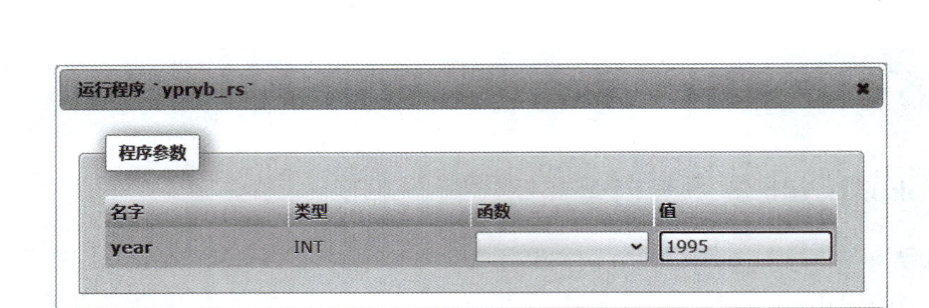

图 4-4 调用存储过程输入参数

“程序”选项卡,单击 ypryb_rs 行中的“编辑”按钮。在“编辑程序”窗口,单击“添加参数”按钮,设置第三个参数的“方向”为 IN,“名字”为 min,“类型”为 INT。在“定义”框中修改代码如下。

```
Begin
    Select Count(*) Into rs From ypryb Where Mid(身份证号,7,4)<=year And Mid(身份
证号,7,4)>=min;
End
```

单击该窗口中的“执行”按钮保存修改后的存储过程。

(2) 重新调用存储过程:在 phpMyAdmin 主页中,单击导航面板中的 RCZP 数据库,选择“程序”选项卡,单击 ypryb_rs 行中的“执行”按钮,进入“运行程序`ypryb_rs`”界面,year 的参数“值”输入 2000,min 的参数“值”输入 1990,单击“执行”按钮。在 phpMyAdmin 主页中,即可查看运行结果。

6. 在 phpMyAdmin 主页创建存储过程 ypryb_tj

(1) 单击 RCZP 数据库名→“程序”→“添加程序”按钮。

(2) 在 phpMyAdmin 主页创建存储过程:在“添加程序”窗口中设置“程序名称”为 ypryb_tj、“类型”为 PROCEDURE。设置第一个参数的“方向”为 OUT,“名字”为“无”,“类型”为 INT;单击“添加参数”按钮,设置第二个参数的“方向”为 OUT,“名字”为“专科”,“类型”为 INT;第三个参数的“方向”为 OUT,“名字”为“本科”,“类型”为 INT;第四个参数的“方向”为 OUT,“名字”为“研究生”,“类型”为 INT;第五个参数的“方向”为 OUT,“名字”为“博士”,“类型”为 INT。

(3) 在“定义”框中编写代码如下。

```
Begin
  Declare rs Int;                    /* 定义局部变量 rs,其为 int 类型 */
  Declare zhxl Char(1);              /* 定义局部变量 zhxl,其为 char 类型 */
  Declare found Boolean Default True;
                                    /* 定义局部变量 found,boolean 类型,默认值 true */
  Declare rstj Cursor For Select 最后学历 From ypryb;          /* 定义游标 rstj */
  Declare Continue Handler For Not found Set found=False;
                                                  /* 定义 continue 句柄 */
```

```
    Set 无=0,专科=0,本科=0,研究生=0,博士=0;                /* 变量置初值 */
    Open rstj;                                              /* 打开游标 rstj */
    Fetch rstj Into zhxl                  /* 获取游标中的第一行数据,保存在 zhxl 变量中 */
        While found Do                    /* 成功获取游标中的数据 */
          Case zhxl                       /* 判断应聘人员的最后学历,将对应的变量+1 */
              When "1" Then Set 无=无+1;
              When "2" Then Set 专科=专科+1;
              When "3" Then Set 本科=本科+1;
              When "4" Then Set 研究生=研究生+1;
              When "5" Then Set 博士=博士+1;
          End Case;
          Fetch rstj Into zhxl;           /* 获取游标中的下一行数据 */
        End While;
        Close rstj;                       /* 关闭游标 rstj */
    End
```

单击该窗口中的“执行”按钮生成存储过程。

(4) 调用存储过程：在 MySQL 命令行的客户端提示符后依次输入如下语句。

```
Use RCZP;                           /* 打开 RCZP 数据库,使其成为当前数据库 */
Set @无=0,@专科=0,@本科=0,@研究生=0,@博士=0;
                                    /* 设置应聘人员各最后学历的统计变量并清零 */
Call ygxsb_tj(@无,@专科,@本科,@研究生,@博士);                  /* 调用存储过程 */
Select @无 as "无学历",@专科 as "专科学历",@本科 as "本科学历", @研究生 as "研究生学
历", @博士 as "博士学历";
```

八、思考题

(1) 使用 MySQL 语句和 phpMyAdmin 可视化工具两种方式创建、管理和调用存储过程,各自有哪些特点?

(2) Delimiter 语句有什么作用? 如果不使用它,会有什么后果?

(3) 游标的作用是什么? 如何声明、打开和关闭游标? 游标是否可以脱离存储过程独立使用?

(4) 存储过程 ypryb_tj 中的循环结构若使用 Repeat 实现,应该如何修改程序代码?

(5) 语句 Declare Continue Handler For Not found Set found=False 有何作用? 是否可以省略?

4.3 存储函数设计

一、实验目的

理解存储函数的作用;熟练掌握使用 MySQL 命令和 phpMyAdmin 可视化工具两种方式创建和管理存储函数;能够根据实际需要设计存储函数。

二、实验任务

(1) 在 MySQL 命令行中创建存储函数 JC,用于实现阶乘计算。

(2) 在 MySQL 命令行中调用存储函数 JC,分别计算 5!和 10!。

(3) 通过 phpMyAdmin 的可视化工具创建存储函数 gsb_dz,统计公司表中公司地址包含所给关键字的公司总数。

(4) 通过 phpMyAdmin 的可视化工具调用存储函数 gsb_dz。

(5) 在 MySQL 命令行中查看 RCZP 数据库中已有的存储函数及存储过程;查看存储函数 gsb_dz 的定义语句。

(6) 在 MySQL 命令行中删除存储函数 JC。

三、任务分析

设计存储函数,可以使用 MySQL 命令和 phpMyAdmin 可视化工具两种方式。存储函数 JC 需要定义输入参数及函数返回值,使用循环结构实现阶乘计算;存储函数 gsb_dz 的返回值为满足条件的记录数,因此使用"Return (Select Count(*) From 公司表 Where Locate(name,地址))"语句实现。

四、预备知识

(1) 创建存储函数语句的格式:

```
Create Function [<数据库名>.]<存储函数名>([<形式参数名 1><数据类型 1>][,…])
    Returns <函数返回值数据类型>
[Begin]
    <语句序列>
    Return(<函数返回值>);
[End]
```

(2) 调用存储函数的语句格式:

```
<存储函数名>([<实际参数表>]);
```

(3) 查看当前数据库中已定义存储函数的语句格式:

```
Show Function Status;
```

(4)查看存储函数的定义语句格式:

```
Show Create Function [<数据库名>.]<存储函数名>;
```

(5) 删除存储函数的语句格式:

```
Drop Function [ If Exists ] [<数据库名>.]<存储函数名>;
```

五、技能点

（1）创建存储函数。使用 MySQL 命令和 phpMyAdmin 可视化工具两种方式创建存储函数。

（2）调用存储函数。使用 MySQL 命令和 phpMyAdmin 可视化工具两种方式调用存储函数。

（3）修改、删除存储函数。使用 MySQL 命令和 phpMyAdmin 可视化工具两种方式修改、删除存储函数。

六、注意事项

（1）存储函数是数据库中的对象，在创建存储函数时需要先指定数据库。

（2）通过 MySQL 命令行方式设计存储函数时，必须先使用“Delimiter ##”改变存储函数的结束符，并在存储函数定义完毕后使用“Delimiter ;”恢复默认的结束符。

（3）存储函数有且仅有一个返回值，返回值必须指定数据类型。

（4）存储函数可以直接嵌入 SQL 语句或 MySQL 表达式中。

（5）存储过程可以使用 Select 语句返回结果，而存储函数不能使用 Select 语句返回结果。

七、设计步骤

1. 通过 MySQL 命令行方式创建存储函数 JC

（1）登录 MySQL 客户端：打开 XAMPP 控制面板，单击 shell 按钮，在 XAMPP for Windows 窗口中输入如下命令，登录 MySQL 客户端。

```
Mysql -uroot -p
```

在提示信息“enter password:”后输入 root 用户的密码后按 Enter 键进入 MySQL 客户端。

（2）在 MySQL 命令行中创建存储函数：依次输入如下命令。

```
Use RCZP;                                /* 打开 RCZP 数据库,使之成为当前数据库
Delimiter ##                             /* 定义 SQL 语句的结束标识为##
Create Function JC(n Int)                /* 定义存储函数 JC */
Returns Int
Begin
    Declare s,i int;
    Set i=1,s=1;
      Repeat                             /* 循环结构求 n 的阶乘 */
        Set s=s*i;
        Set i=i+1;
```

```
      Until i>n
      End repeat;
    Return(s);                                    /* 返回计算结果 */
    End##                                         /* 存储过程定义结束 */
    Delimiter;                                    /* 恢复 MySQL 默认结束标识为; */
```

输入 End##并按 Enter 键后，系统提示“Query OK，0 row affected(0.00sec)”，存储函数创建完成。

2. 在 MySQL 命令行中调用存储函数 JC

在 MySQL 命令行中调用存储函数：依次输入如下命令。

```
Select JC(5);
Select JC(10);
```

输入最后一行内容并按 Enter 键后，系统显示调用存储函数的结果，如图 4-5 所示。

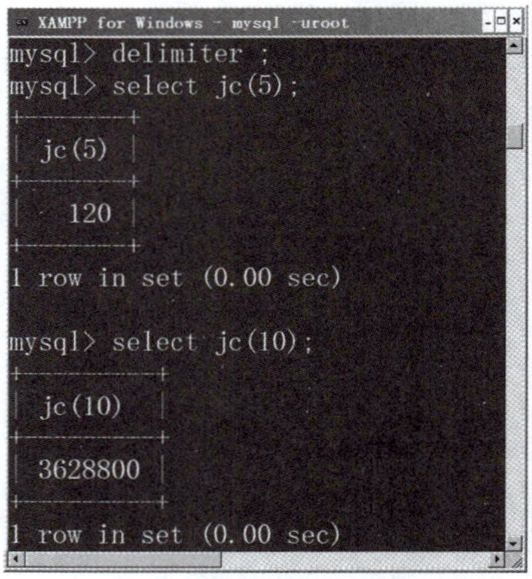

图 4-5 调用存储函数 JC

3. 在 phpMyAdmin 主页中创建存储函数 gsb_dz

(1) 启动 phpMyAdmin 主页：打开 XAMPP 控制面板，单击 XAMPP 控制面板中 MySQL 行中的 Admin 按钮，在 phpMyAdmin 的登录页面中输入用户名和密码，单击“执行”按钮。

(2) 在 phpMyAdmin 主页添加程序：单击 RCZP 数据库名→“程序”→“添加程序”按钮。

(3) 在 phpMyAdmin 主页创建存储函数：在图 4-6 所示的“添加程序”窗口中输入“程序名称”为 gsb_dz，选择“类型”为 FUNCTION。设置参数的“方向”为 name，“名字”为 VARCHAR，“类型”为 20，“返回类型”设为 INT。在“定义”框中编写代码如下。

```
Begin
Return (Select Count(*) From 公司表 Where Locate(name,地址)); /* Locate 函数用于
判断字符串包含关系 */
End
```

单击该窗口中的“执行”按钮生成存储函数。

4. 在 phpMyAdmin 主页中调用存储函数

(1) 调用存储函数：在 phpMyAdmin 主页中，单击导航面板中的 RCZP 数据库，选择“程序”选项卡，单击 gsb_dz 行的“执行”按钮。

(2) 输入参数查看结果：在“运行程序`gsb_dz`”界面中，在“程序参数”栏内“名字”为 name 的参数“值”处输入“北京”，单击“执行”按钮。在 phpMyAdmin 主页中，即可查看运行结果。

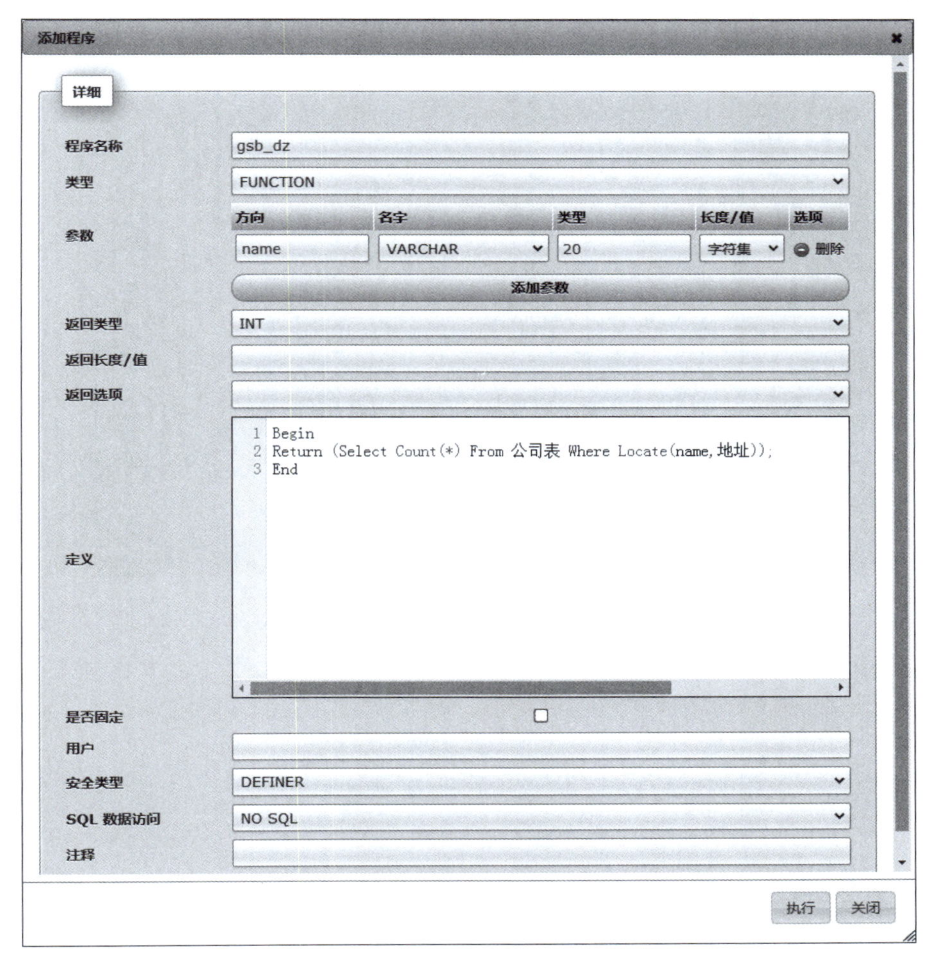

图 4-6　创建存储函数 gsb_dz

5. 在 MySQL 命令行中查看存储函数、存储过程

(1) 查看当前数据库中的存储函数：在 MySQL 命令行分别输入如下语句并按 Enter 键执行，查询结果如图 4-7 所示。

```
Use RCZP;
Show Function Status;              /* 查看当前数据库中有哪些存储函数 */
```

(2) **查看当前数据库中的存储过程**：在 MySQL 命令行输入如下语句并按 Enter 键执行。

```
Show Procedure Status;             /* 查看当前数据库中有哪些存储过程定义 */
```

(3) **查看存储函数定义语句**：在 MySQL 命令行输入如下语句并按 Enter 键执行。

```
Show Create Function gsb_dz;          /* 查看存储函数 gsb_dz 的定义语句 */
```

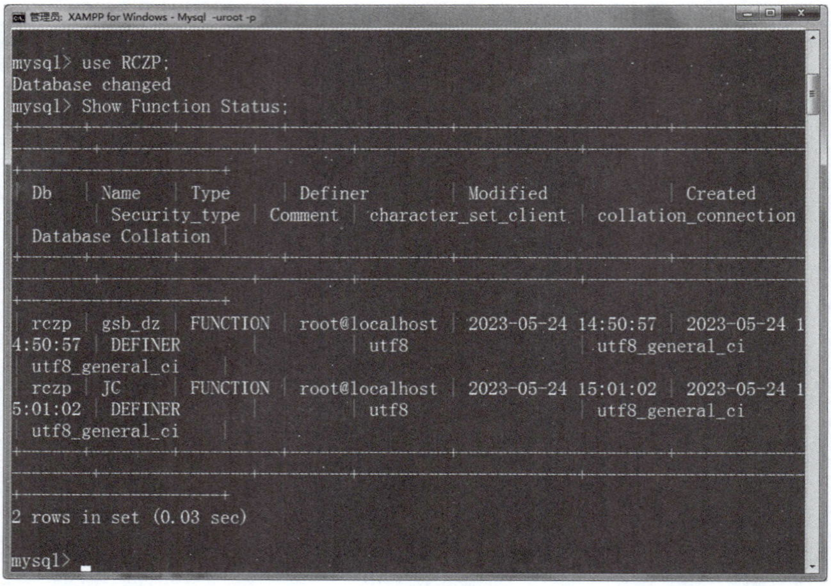

```
管理员: XAMPP for Windows - Mysql -uroot -p

mysql> use RCZP;
Database changed
mysql> Show Function Status;
+------+---------+----------+----------------+---------------------+---------------------+
---------------+---------+----------------------+----------------------+
+--------------------+
| Db   | Name    | Type     | Definer        | Modified            | Created
       | Security_type | Comment | character_set_client | collation_connection
| Database Collation |
+------+---------+----------+----------------+---------------------+---------------------+
---------------+---------+----------------------+----------------------+
+--------------------+
| rczp | gsb_dz  | FUNCTION | root@localhost | 2023-05-24 14:50:57 | 2023-05-24 1
4:50:57 | DEFINER       |         | utf8                 | utf8_general_ci
| utf8_general_ci    |
| rczp | JC      | FUNCTION | root@localhost | 2023-05-24 15:01:02 | 2023-05-24 1
5:01:02 | DEFINER       |         | utf8                 | utf8_general_ci
| utf8_general_ci    |
+------+---------+----------+----------------+---------------------+---------------------+
---------------+---------+----------------------+----------------------+
+--------------------+
2 rows in set (0.03 sec)

mysql> _
```

图 4-7 查看所有存储函数

6. 在 MySQL 命令行中删除存储函数

在 MySQL 命令行输入如下语句并按 Enter 键执行。

```
Drop Function If Exists JC;
```

八、思考题

(1) 存储函数与存储过程有何异同? 是否可以互相替换使用?

(2) 如果存储函数中的 Return 语句返回一个不同于存储函数 Returns 子句中指定类型的值,将会有什么后果?

4.4 触发器设计

一、实验目的

理解触发器的作用;熟练掌握 MySQL 命令和 phpMyAdmin 可视化工具两种方式创建和管理触发器;能够根据实际需要设计触发器。

二、实验任务

(1) 在 MySQL 命令行中创建触发器 ypryb_delete。当删除 ypryb 表中的记录时,通过

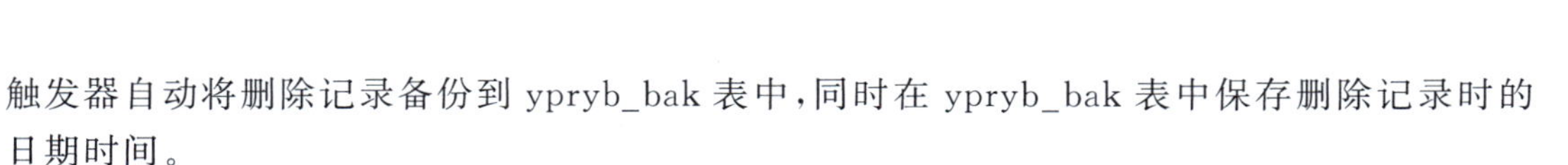

触发器自动将删除记录备份到 ypryb_bak 表中，同时在 ypryb_bak 表中保存删除记录时的日期时间。

（2）测试触发器 ypryb_delete。

（3）通过 phpMyAdmin 的可视化工具创建触发器 gwb_insert。当 gwb 表中插入记录时，要求插入的岗位记录的年薪大于或等于 10。如果待插入的记录不满足条件，则在插入前将记录的“年薪”字段值修改为 10。

（4）测试触发器 gwb_insert。

（5）通过 phpMyAdmin 的可视化工具创建触发器 gwcjb_update。修改 gwcjb 表中的记录时，如果修改的笔试成绩大于 100 分，则触发器自动取消修改操作并弹出消息“笔试成绩不能超过 100 分！”。

（6）测试触发器 gwcjb_update。

（7）在 phpMyAdmin 主页查看触发器 ypryb_delete。

（8）在 MySQL 命令行删除触发器 gwcjb_update。

三、任务分析

可以使用 MySQL 命令和 phpMyAdmin 可视化工具两种方式创建触发器。要实现 ypryb 表的备份，首先使用 Create Table 语句创建备份表 ypryb_bak，然后使用 Create Trigger 语句定义触发器，设置其触发事件为 Delete，触发时机为 Before，操作的表为 ypryb；使用 Delete From 语句删除记录，使用 Select 语句查看备份表中内容的变化；创建触发器 gwcjb_update，设置其触发事件为 Insert，触发时机为 After，操作的表为 gwcjb，触发执行语句“Insert into gwcjb_log(logtime) value(now());”创建触发器 gwb_insert，设置其触发事件为 Update，触发时机为 Before，操作的表为 gwb，触发程序中使用分支语句判断年薪是否小于 3。

四、预备知识

（1）创建触发器的语句格式：

```
Create Triggle [<数据库>.]<触发器名> Before|After <触发事件> On <表名> For
Each Row
[Begin]
<执行语句序列>
[End]
```

（2）查看触发器的语句格式：

```
Show Triggers [{ From | in} 数据库名]
```

（3）删除触发器的语句格式：

```
Drop Trigger [ If Exists ][<数据库名>.]<触发器名>
```

五、技能点

(1) 创建触发器。使用 MySQL 命令和 phpMyAdmin 可视化工具两种方式创建触发器。

(2) 测试触发器。

(3) 修改触发器。使用 MySQL 命令和 phpMyAdmin 可视化工具两种方式修改触发器。

(4) 删除触发器。使用 MySQL 命令和 phpMyAdmin 可视化工具两种方式删除触发器。

六、注意事项

(1) 触发器是数据库中的对象,在创建触发器时需要先指定数据库。

(2) 触发器是基于表的,而不是基于临时表和视图的。

(3) 触发程序中的 Select 语句不能产生结果。

(4) 触发器的触发时间有 Before 和 After,分别表示在触发事件发生之前或之后执行触发程序。

(5) 触发程序中可以使用 Old 和 New 两个关键字。Old 关键字表示修改前或删除前的旧记录,New 关键字表示修改后或新插入的新记录,其中 Old 记录是只读的,可以引用,但不可以修改。

七、设计步骤

1. 通过 MySQL 命令行方式创建触发器 ypryb_delete

(1) 创建备份表文件:在 MySQL 命令行中依次输入如下命令并按 Enter 键执行。

```
Use RCZP;
Create Table If Not Exists ypryb_bak like ypryb;      /* 复制 ypryb 表结构 */
Alter Table ypryb_bak Add 时间 Datetime First;
    /* 在 ypryb_bak 表中的添加时间字段,类型为 datetime,作为表中的第一个字段 */
```

(2) 创建触发器:通过触发器保存更新前的数据,选择触发事件为 Delete,触发时机为 Before,操作的表是 ypryb,在 MySQL 命令行中输入如下命令并按 Enter 键执行。

```
Create Trigger RCZP.ypryb_delete Before Delete On RCZP.ypryb For Each Row Insert
Into ypryb_bak Select Now(),ypryb.* FROM ypryb Where 身份证号=old.身份证号;
```

2. 测试触发器 ypryb_delete

(1) 删除 ypryb 表中的记录:在 MySQL 命令行中依次输入如下命令并按 Enter 键执行。

```
Select * From ypryb                              /* 浏览 ypryb 中的数据 */
Delete From ypryb Where 移动电话 is null;
                          /* 删除 ypryb 表中移动电话字段值为空的应聘人员记录 */
```

(2) 查看 ypryb 表和 ypryb_bak 表中的记录:在 MySQL 命令行中依次输入如下命令

并按 Enter 键执行。

```
Select * From ypryb ;          /* 浏览删除记录后 ypryb 表中的数据 */
Select * From ypryb_bak;       /* 浏览通过触发器备份的 ypryb_bak 表中的数据 */
```

3. 在 phpMyAdmin 主页创建触发器 gwb_insert

（1）启动 phpMyAdmin 主页：打开 XAMPP 控制面板，单击 XAMPP 控制面板中 MySQL 行中的 Admin 按钮，在 phpMyAdmin 的登录页面中输入用户名和密码，单击“执行”按钮。

（2）在 phpMyAdmin 主页添加触发器：单击 RCZP 数据库名→“触发器”→“添加触发器”按钮。

（3）在 phpMyAdmin 主页创建触发器：在“添加触发器”窗口，设置“触发器名称”为 gwb_insert，“表”为 gwb，“时机”为 BEFORE，“事件”为 INSERT。在“定义”框中编写代码，如图 4-8 所示。单击该窗口中的“执行”按钮生成触发器。

```
begin
if new.年薪<10 then
set new.年薪=10;
end if;
end;
```

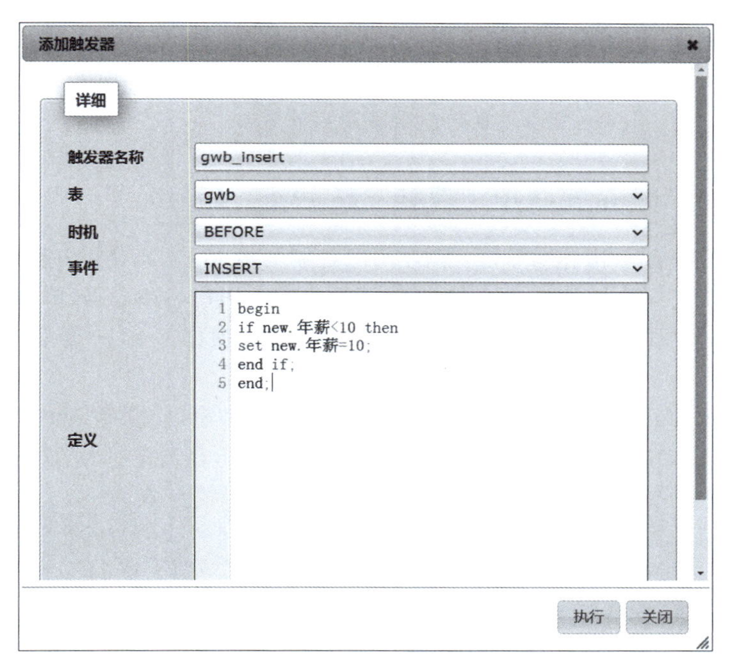

图 4-8 “添加触发器”窗口

4. 测试触发器 gwb_insert

（1）浏览 gwb 表：在 phpMyAdmin 主页，单击 RCZP 数据库名→gwb 数据表名→浏览。

（2）在 gwb 表中插入记录：在 phpMyAdmin 主页，单击 RCZP 数据库名→SQL 选项卡,在编辑框中输入如下语句,然后单击“执行”按钮。

```
Insert Into gwb(岗位编号,岗位名称,最低学历,最低学位,人数,年龄上限,年薪,笔试成绩比例,笔试日期,聘任要求,公司名称) VALUES ('F0001','药剂师','5','5',3,50,8,60,'2023-05-18',NULL,'医大一院');
```

(3) 再次浏览 gwb 表,如图 4-9 所示,最终插入 gwb 表中的新记录的“年薪”字段值是 10 而不是 8。

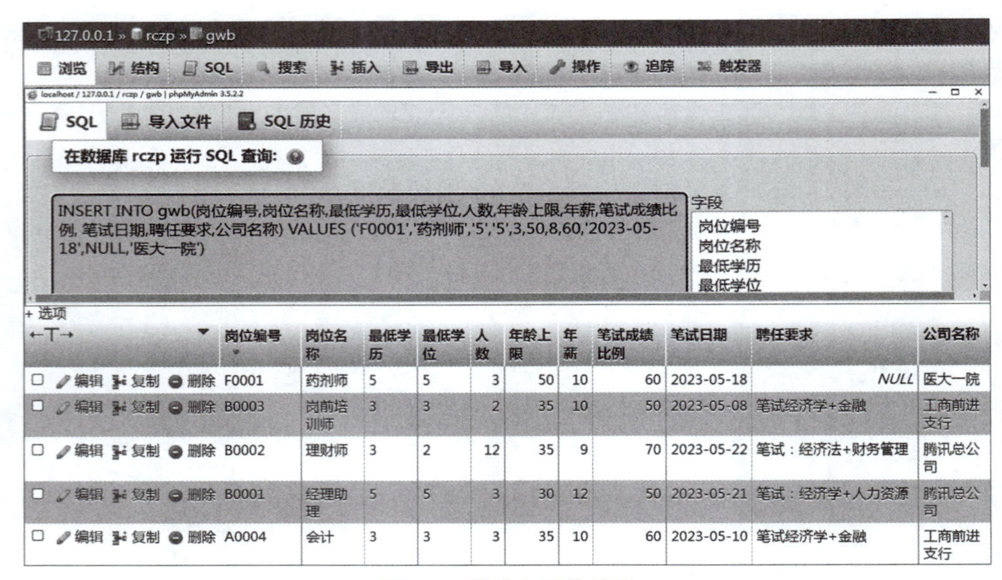

岗位编号	岗位名称	最低学历	最低学位	人数	年龄上限	年薪	笔试成绩比例	笔试日期	聘任要求	公司名称
F0001	药剂师	5	5	3	50	10	60	2023-05-18	NULL	医大一院
B0003	岗前培训师	3	3	2	35	10	50	2023-05-08	笔试经济学+金融	工商前进支行
B0002	理财师	3	2	12	35	9	70	2023-05-22	笔试:经济法+财务管理	腾讯总公司
B0001	经理助理	5	5	3	30	12	50	2023-05-21	笔试:经济学+人力资源	腾讯总公司
A0004	会计	3	3	3	35	10	60	2023-05-10	笔试经济学+金融	工商前进支行

图 4-9 触发之后的结果

5. 在 phpMyAdmin 主页中创建触发器 gwcjb_update

(1) 启动 phpMyAdmin 主页:打开 XAMPP 控制面板,单击 XAMPP 控制面板中 MySQL 行中的 Admin 按钮。在 phpMyAdmin 的登录页面中输入用户名和密码,单击“执行”按钮。

(2) 在 phpMyAdmin 主页添加触发器:单击 RCZP 数据库名→“触发器”→“添加触发器”按钮。

(3) 在 phpMyAdmin 主页创建触发器:在“添加触发器”窗口,设置“触发器名称”为 gwcjb_update,“表”为 gwcjb,“时机”为 BEFORE,“事件”为 UPDATE,在定义框中编写代码。

```
begin
  if new.笔试成绩>100 then
    signal sqlstate 'HY000' set message_text="笔试成绩不能超过 100 分!";
  end if;
```

单击该窗口中的“执行”按钮生成触发器。

6. 测试触发器 gwcjb_update

(1) 修改 gwcjb 表,身份证号为 229901199305011575 的人员 B001 岗位编号的“笔试成绩”字段值为 80 并测试。

在 phpMyAdmin 主页,单击 RCZP 数据库名→SQL 选项卡,在编辑框中输入如下语句，然后单击“执行”按钮。

```
Update gwcjb Set 笔试成绩=80 Where 身份证号="229901199305011575" and 岗位编号="
B001";
```

单击“执行”按钮，查看修改结果。

(2) 修改 gwcjb 表，身份证号为 229901199305011575 的人员 B001 岗位编号的“笔试成绩”字段值为 180 并测试。

在 phpMyAdmin 主页，单击 RCZP 数据库名→SQL 选项卡，在编辑框中输入如下语句，然后单击“执行”按钮。

```
Update gwcjb Set 笔试成绩=180 Where 身份证号="229901199305011575" and 岗位编号="B001";
```

单击“执行”按钮，查看修改结果。

7. 在 phpMyAdmin 主页中查看触发器 ypryb_delete

在 phpMyAdmin 主页，单击 RCZP 数据库名→“触发器”选项卡，单击 ypryb_delete 行中的“编辑”按钮，进入“编辑触发器”界面。若修改了触发器的内容，单击“执行”按钮即可保存修改结果。

8. 在 MySQL 命令行中删除触发器 gwcjb_update

在 MySQL 命令行中输入如下语句并按 Enter 键执行。

```
Drop Trigger If Exists gwcjb_update;
```

八、思考题

(1) 触发器可以实现哪些功能？

(2) 触发器的触发事件有哪几种？触发时间有哪几种？

(3) 一个数据库表最多可以设置哪几种类型的触发器？

4.5　事件设计

一、实验目的

理解事件的作用；掌握使用 MySQL 命令和 phpMyAdmin 可视化工具两种方式创建事件；能够根据实际需要设计事件。

二、实验任务

(1) 开启事件调度器。

(2) 在 MySQL 命令行创建事件 gwcjb_slbk,用于实现从当前时间算起,每间隔 1 天调用一次存储过程 gwcjb_sl,将结果及调用时间存储到 gwcjtjb 表中,直到 2028 年 12 月 31 日截止。

(3) 通过 phpMyAdmin 的可视化工具创建事件 gwcjtjb_delete,用于实现从当前时间算起,每间隔 30 天清空 gwcjtjb 表记录,直到 2028 年 12 月 31 日截止。

(4) 在 MySQL 命令行中修改事件 gwcjtjb_delete 的间隔时间为 100 天。

(5) 在 MySQL 命令行中关闭事件 gwcjb_slbk。

(6) 在 MySQL 命令行中删除事件 gwcjtjb_delete。

三、任务分析

在创建事件前需要开启事件调度器,创建事件可以使用 MySQL 命令和 phpMyAdmin 可视化工具两种方式。事件 gwcjb_slbk 的时间间隔为 1s,起始时间为当前时间,终止时间为 2028 年 12 月 31 日,事件内容为调用存储过程 gwcjb_sl,并将统计结果及调用时间存储到 gwcjtjb 表中,然后使用 Call 语句调用存储过程和 Insert 语句插入表记录。事件 gwcjtjb_delete 的时间间隔为 30 天,起始时间为当前时间,终止时间为 2028 年 12 月 31 日,事件内容为使用 Delete 语句清空 gwcjtjb 表记录。

四、预备知识

(1) 查看事件调度器设置情况的语句格式:

```
Show Variables Like 'Event_Scheduler';
```

(2) 开启事件功能语句格式:

```
Set Global Event_Scheduler=1;
```

(3) 创建事件语句格式:

```
Create Event [If Not Exists] <事件名>On Schedule At <时间>[+Interval <时间间隔>]|
Every <时间间隔>[Starts <开始时间>[+Interval <时间间隔>]]
[Ends <结束时间>[+Interval <时间间隔>]]
Do <执行语句序列>
```

(4) 修改事件语句格式:

```
Alter Event <事件名>[Rename To <新事件名>][On Schedule At <时间>[+Interval <时间间隔>]|Every <时间间隔>[Starts <开始时间>[+Interval <时间间隔>]][Ends <结束时间>[+Interval <时间间隔>]]][Enable | Disable]
[Do <执行语句序列>]
```

(5) 删除事件语句格式:

```
Drop Event [If Exists] <事件名>
```

五、技能点

(1) 创建事件。使用 MySQL 命令和 phpMyAdmin 可视化工具两种方式创建事件。

(2) 修改、关闭、删除事件。使用 MySQL 命令和 phpMyAdmin 可视化工具两种方式修改、关闭、删除事件。

六、注意事项

(1) 事件是数据库中的对象,在创建事件时需要先指定数据库。

(2) 在创建事件前首先需要开启事件调度器。

(3) 通过 MySQL 命令行方式设计事件时,需要使用"Delimiter $$"改变结束符,并在事件定义完毕后使用"Delimiter ;" 恢复默认的结束符。

(4) 若要停止事件,可以关闭事件而不是删除事件。

七、设计步骤

1. 开启事件调度器

(1) 登录 MySQL 客户端：打开 XAMPP 控制面板,单击 shell 按钮,在 XAMPP for Windows 窗口中输入如下命令并按 Enter 键执行。

```
Mysql -uroot -p
```

在提示信息"enter password:"后输入 root 用户的密码后按 Enter 键进入 MySQL 客户端。

(2) 查看 Event_Scheduler 的设置情况：在 MySQL 命令行中输入如下命令并按 Enter 键执行。

```
Show Variables Like 'Event_Scheduler';
```

若 Event_Scheduler 参数的值显示为 On,表示 Event_Scheduler 已开启,则不需要继续进行设置;否则继续执行步骤(3)。

(3) 开启 Event_Scheduler：在 MySQL 命令行依次输入如下命令并按 Enter 键执行。

```
Set Global Event_Scheduler=1;
                                /* 开启 Event_Scheduler,使事件调度器处于工作状态 */
    Show Variables Like 'Event_Scheduler';   /* 再次查看 Event_Scheduler 设置 */
```

2. 在 MySQL 命令行创建事件:

(1) 新建 gwcjtjb 表：在 MySQL 命令行中分别输入如下语句并按 Enter 键执行。

```
Use RCZP;
Create Table gwcjtjb(tjdate timestamp,nosend int(8),cancelled int(8),intransit
int(8),signed int(8),refunds int(8));      /* 新建 gwcjtjb 表 */
```

(2) 通过 MySQL 命令行方式创建事件 gwcjb_slbk：在 MySQL 命令行分别输入如下语句并按 Enter 键执行。

```
Delimiter $$
Create Event If Not Exists gwcjb_slbk
On Schedule Every 1 day
Starts Curdate() Ends '2028-12-31'
Do
Begin
    Set @cs0=0,@cs1=0,@cs2=0,@cs3=0,@cs4=0;
    Call gwcjb_sl(@cs0,@cs1,@cs2,@cs3,@cs4);
    Insert into gwcjtjb(nosend,cancelled,intransit,signed,refunds) values
    (@cs0,@cs1,@cs2,@cs3,@cs4);
End $$
Delimiter;          /* 恢复结束标识为; */
```

(3) 浏览 gwcjtjb 表：在 MySQL 命令行中输入如下语句并按 Enter 键执行。

```
Select * From gwcjtjb;
```

3. 在 phpMyAdmin 主页中创建事件

(1) 启动 phpMyAdmin 主页：打开 XAMPP 控制面板，单击 XAMPP 控制面板中 MySQL 行中的 Admin 按钮，在 phpMyAdmin 的登录页面中输入用户名和密码，单击“执行”按钮。

(2) 在 phpMyAdmin 主页添加事件：单击 RCZP 数据库名→“事件”→“添加事件”按钮。

(3) 在 phpMyAdmin 主页创建事件：在“添加事件”窗口中输入“事件名称”为 gwcjtjb_delete，选择“状态”为 ENABLED，“事件类型”为 RECURRING，“运行周期”为 30 DAY，“起始时间”为“2023-07-19 00:00:00”及“终止时间”为“2028-12-31 23:59:59”，在定义框中输入如下代码，最后单击“执行”按钮。

```
Delete From gwcjtjb;
```

4. 在 MySQL 命令行中修改事件

在 MySQL 命令行中输入如下语句并按 Enter 键执行。

```
Alter Event gwcjtjb_delete ON Schedule Every 100 Day;
```

5. 在 MySQL 命令行中关闭事件

在 MySQL 命令行中输入如下语句并按 Enter 键执行。

```
Alter Event gwcjb_slbk On Completion Preserve Disable;
```

6. 在 MySQL 命令行中删除事件

在 MySQL 命令行中输入如下语句并按 Enter 键执行。

```
Drop Event If Exists gwcjtjb_delete;
```

八、思考题

（1）什么是事件？其功能是什么？

（2）如何开启事件调度器？

（3）有哪几种方法停止事件调度器？关闭事件与删除事件有何不同？

第5单元　静态网页设计

静态网页设计主要使用HTML语言和CSS技术实现。通过Dreamweaver可以建立和管理站点，以模板网页为基础，完成人才招聘网站主页、会员注册、岗位信息显示、应聘人员信息显示等网页设计。

5.1　建立人才招聘站点

一、实验目的

通过Dreamweaver的“站点设置”窗口新建站点，使用文件面板管理和同步文件，熟悉Dreamweaver界面的基本操作，掌握建立和管理站点的基本过程和方法。

二、实验任务

(1) 在D盘新建rczp文件夹，作为人才招聘网站的本地站点文件夹。

(2) 在…xampp\htdocs目录中新建rczp文件夹，作为人才招聘网站的服务器文件夹。

(3) 使用Dreamweaver的“站点设置”窗口新建站点。

(4) 在Dreamweaver的文件面板中浏览站点资源文件。

(5) 使用Dreamweaver的文件面板同步本地站点文件夹和服务器文件夹的内容。

三、任务分析

任务1是在本地磁盘中新建rczp站点的本地站点文件夹，任务2是在服务器中新建rczp站点的服务器文件夹。在开发网站时，rczp网站的本地站点文件夹和服务器文件夹可以创建在同一台计算机中。通过Dreamweaver的“站点设置”窗口可以新建站点，使用文件面板可以完成本地文件和服务器文件的管理和同步。

四、预备知识

(1) **Dreamweaver界面**：是菜单、面板、工具箱和文档窗口的组合视图。为适应不同用户的操作习惯，系统预定义了设计器、应用程序开发人员和编码人员等多种工作区布局，用户也可自定义和保存工作区布局。用“窗口”菜单的“工作区布局”菜单项，或窗口右上角的工作区布局下拉框，可以切换工作区布局。单击“重置…”选项可以恢复某工作区布局的默认布局，如图 5-1 所示。

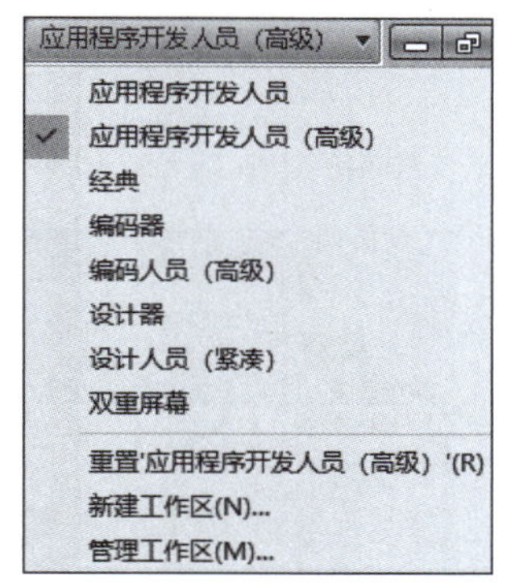

图 5-1　“工作区布局”下拉框

设置工作区布局为“应用程序开发人员(高级)”，如图 5-2 所示。

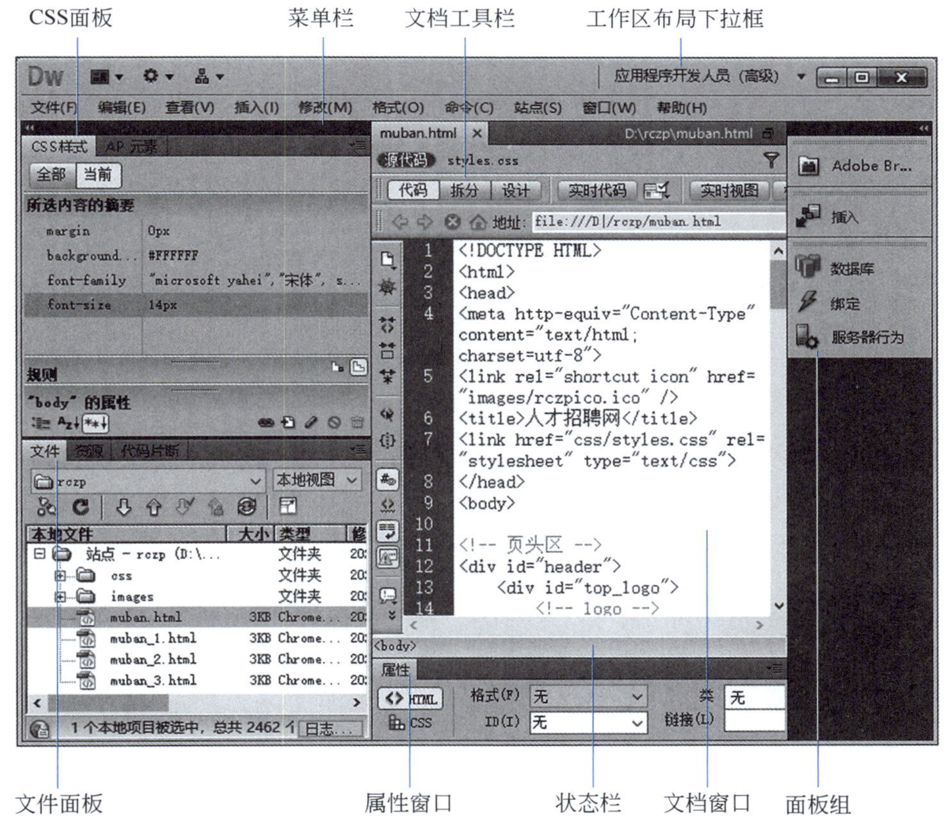

图 5-2　“应用程序开发人员(高级)”工作区布局

(2) **文件面板**：使用文件面板(如图 5-3 所示)可以查看和管理站点中的文件，也可以进行本地和测试服务器之间的文件传输。单击连接状态按钮控制本地站点和测试服务器站点之间的连接或断开;单击下载按钮将文件从测试服务器站点复制到本地站点;单击上传按钮将文件从本地站点复制到测试服务器站点;单击视图下拉框,可以在本地视图、远程服务器、测试服务器和存储库视图之间进行切换,查看和管理位于不同位置的文件。选中文件后,按 delete 键删除文件。选中文件后右击,在弹出的快捷菜单中选择"编辑"菜单项,可以复制、粘贴和重命名文件。

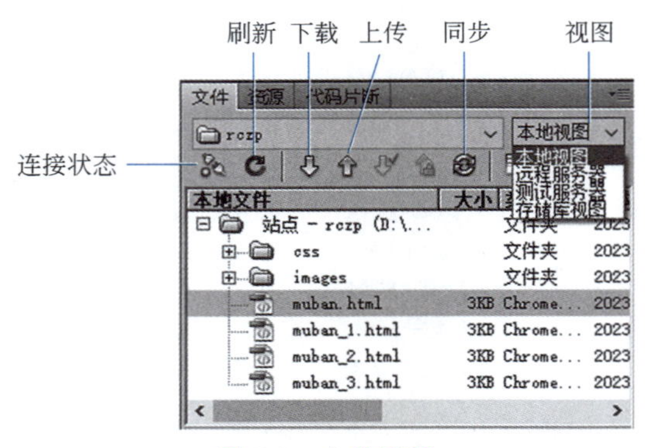

图 5-3 文件面板

(3) 单击文档工具栏中的按钮可以在代码视图、设计视图、拆分视图、拆分-实时视图等视图间切换,如图 5-4 所示。

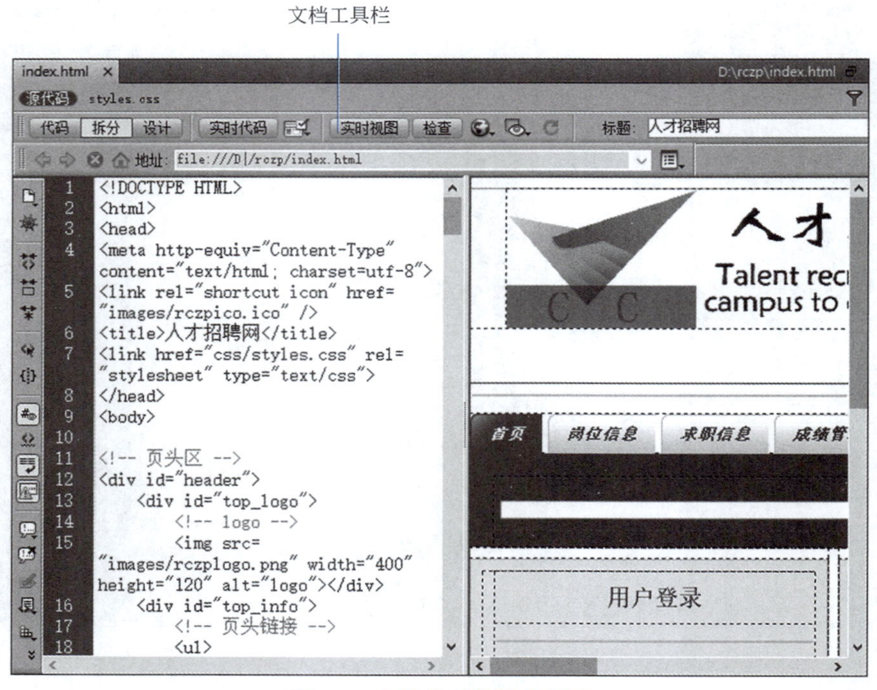

图 5-4 文档窗口的拆分视图

代码视图:手工编码环境,用于编写 HTML、PHP 等语言的代码。

设计视图:可视化编辑设计环境,类似在浏览器中查看页面时看到的内容。

拆分视图：在单个窗口中同时查看同一文档的代码视图和设计视图。

拆分-实时视图：显示代码视图，同时在拆分窗口中显示文档在浏览器中的真实外观，便于快速预览页面。

在开发过程中，建议使用代码视图和设计视图设计网页，然后按 F12 键启动浏览器，通过 B/S 模式预览网页。

(4) 状态栏：其位于文档窗口底部，提供当前文档的相关信息。标签选择器位于状态栏左侧，显示围绕当前选定内容的标签的层次结构。单击该层次结构中的任意标签，可以选择该标签及其全部内容，如图 5-5 所示，单击<table>标签可以在代码视图和设计视图中同时选中整个表格。

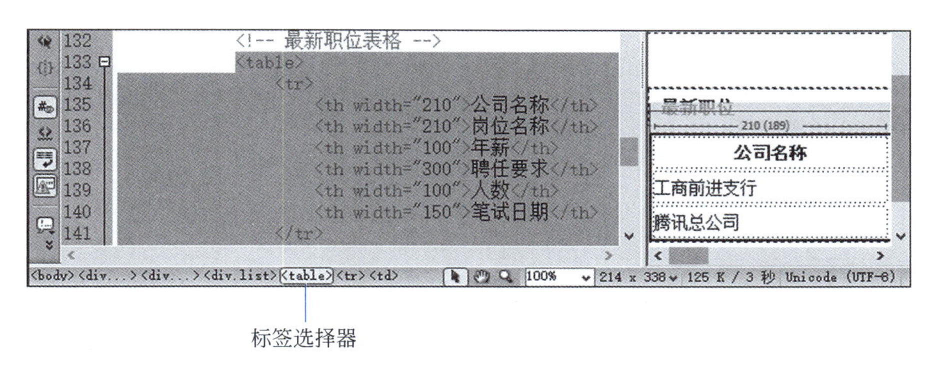

图 5-5　状态栏

五、技能点

(1) **新建站点**：站点是开发及建设网站的环境，用于存储网站开发阶段的文件夹及相关资源文件。站点包含开发网站计算机中的本地站点文件夹和发布网站资源的服务器文件夹。用“管理站点”功能可以新建和管理站点。

(2) **管理和同步文件**：用文件面板可以方便地对本地站点文件夹和服务器文件夹进行管理和同步。

六、注意事项

(1) 启动 Dreamweaver 后，要选择适当的工作区布局。

(2) 使用“站点设置”窗口新建站点前，先启动 Apache Web 服务。

七、设计步骤

1. 新建站点文件夹

(1) **新建本地站点文件夹**：双击桌面“计算机”图标，在 D 盘下新建 rczp 文件夹。

(2) **新建服务器文件夹**：进入 xampp 安装目录下的 htdocs 文件夹，如 F:\xampp\htdocs，新建文件夹 rczp。

2. 新建站点

(1) **启动 Apache**:双击桌面“XAMPP－Control”图标,在 XAMPP 控制面板窗口单击 Apache 的 Start 按钮。

(2) **启动 Dreamweaver**:双击桌面 Dreamweaver 图标。单击 Dreamweaver 窗口右上角“工作区布局”下拉框→“应用程序开发人员(高级)”选项。

(3) **新建站点**:单击“站点”菜单→“新建站点”选项,在“站点设置”窗口中,输入“站点名称”为 rczp,“本地站点文件夹”为 D:\rczp\,如图 5-6 所示。

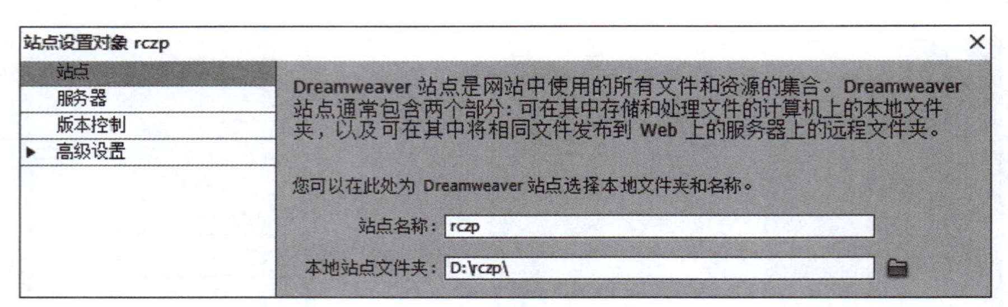

图 5-6　站点设置窗口

(4) **设置服务器**:单击“站点设置”窗口的“服务器”→“＋”按钮,输入“服务器名称”为 rczp,选择“连接方法”为“本地/网络”,“服务器文件夹”为 F:\xampp\htdocs\rczp,“Web URL”为 http://localhost/rczp/,如图 5-7 所示,单击“保存”按钮。

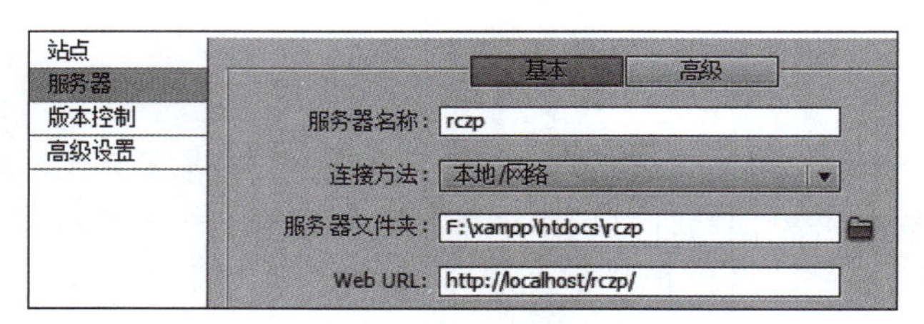

图 5-7　服务器设置窗口

选中“测试”复选框,如图 5-8 所示,单击“保存”按钮。

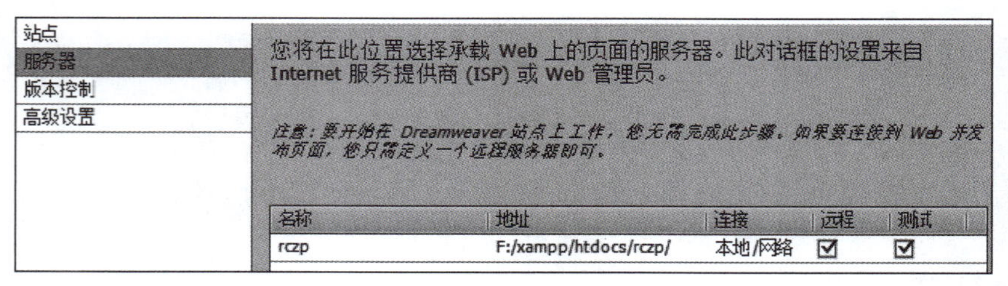

图 5-8　测试服务器设置窗口

3. 上传站点文件

(1) 复制资源文件:在 Windows 文件资源管理器中,将网站资源文件(含文件夹)复制到 D:\rczp\下，单击文件面板中的“刷新”按钮，查看复制的资源文件，如图 5-9 所示。

(2) 上传站点文件：单击选中“站点-rczp(D:\rczp)”，单击文件面板中上传按钮，将本地站点文件夹中的文件上传到服务器文件夹中。单击“视图”按钮，选择“测试服务器”选项，查看测试服务器上的文件，如图 5-10 所示。

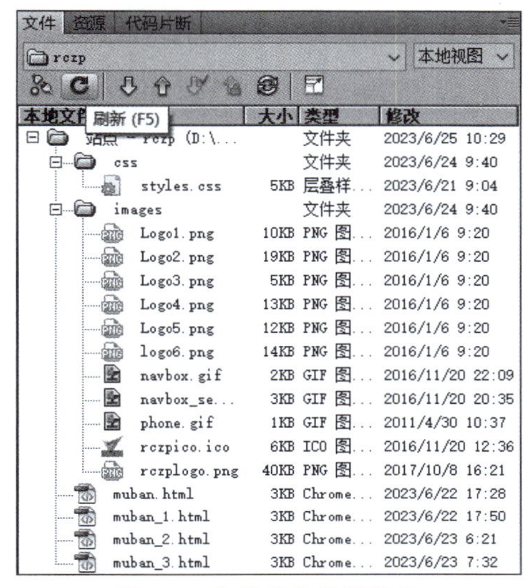

图 5-9 本地站点目录结构

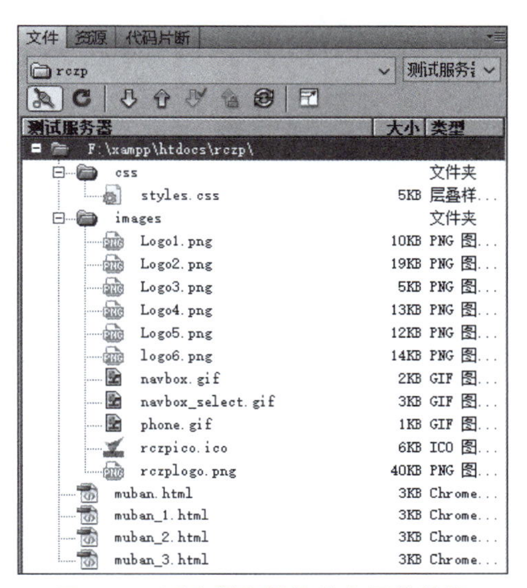

图 5-10 测试服务器的站点目录结构

八、思考题

(1) 什么是 B/S 模式？该模式在 Dreamweaver 网页设计中如何体现？

(2) 如何新建测试服务器？服务器文件夹的位置有何要求？

(3) 如何同步本地文件和服务器文件？

(4) 何时需要将本地文件上传到服务器？如何上传？

(5) 何时需要将服务器文件下载到本地？如何下载？

5.2 网站主页设计和局域网浏览

一、实验目的

在模板网页基础上设计网站主页，并在局域网环境中浏览网页，掌握静态网页设计的基本方法和请求局域网 Web 站点服务的基本过程。

二、实验任务

(1) 设计图 5-11 所示的网站主页 index.html。

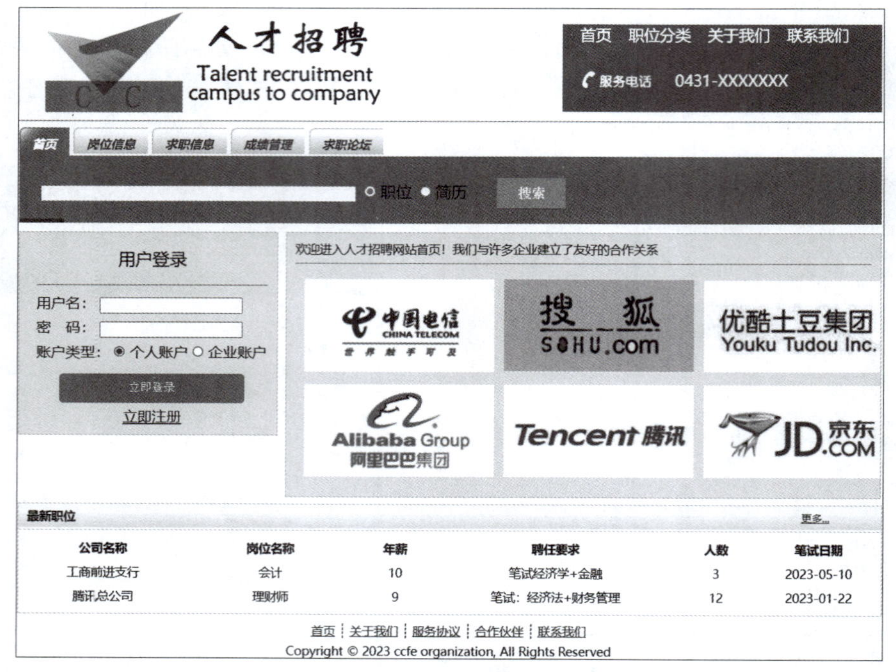

图 5-11 人才招聘网站主页

(2) 查看计算机 IP 地址。

(3) 在局域网中,通过 IP 地址访问其他计算机上的网站。

三、任务分析

任务 1 是在 muban.html 基础上,使用 Dreamweaver 可视化工具,在代码视图中设计网站主页,需要使用的资源文件如图 5-9 所示。任务 2 使用 Windows 命令查看 IP 地址。任务 3 使用浏览器访问局域网中的其他计算机中的网站。

四、预备知识

(1) **模板:** 是一种快速设计相同风格网页的样式。通常网站中各页面的页头、页脚等区域内容相同,故可以在模板网页中把页头、页脚等部分设计出来,再以模板为基础,具体设计其他页面。

(2) **IPConfig 命令:** 用于显示本机 TCP/IP 协议配置信息,查看本机 IP 地址。

五、技能点

(1) **在模板基础上设计网页:** 人才招聘网站主页模板已完成了页面布局设计,需要设计的区域如图 5-11 所示,从上至下分别为页头 logo 区、页头链接区、导航链接区、搜索区、登录区、合作企业信息区、最新职位信息区、页脚链接区。需要在模板文件基础上,完成上述区域的代码设计。

(2) **调试局域网站点**：在浏览器地址栏输入 IP 地址，访问局域网内其他计算机上的网站。

六、注意事项

(1) 引用的资源文件位置要准确。

(2) 网页文件要保存在当前站点的本地站点文件夹中，不要随意改变文件的存储位置。

七、设计步骤

1. 准备工作

(1) **打开模板文件**：创建站点后，在本地站点文件夹中准备好资源文件(如图 5-9 所示)，选择文件面板→“本地视图”，双击 muban.html 文件，在代码视图中查看网页代码。

(2) **文件另存为**：选择“文件”菜单→“另存为”菜单项，在“另存为”窗口中，“文件名”输入 index.html。注意不要改变文件默认保存位置，单击“保存”按钮。在代码视图中查看 index.html 网页代码。

2. 网站主页设计

(1) 页头 logo 区设计：将光标定位到代码<!-- logo -->下方的空行，如图 5-12 所示。

单击“插入”菜单→“图像”选项，选择 images 文件夹中的 rczplogo.png 文件，“相对于”选项选择“文档”(默认选项，以下相同操作都选择此选项)，单击“确定”按钮。将弹出的“图像标签辅助功能属性”窗口的“替换文本”输入 logo，单击“确定”按钮。手工编码方式修改<img>标签的属性 width="400"，height="120"，将光标定位到本行代码开始位置前，按 Tab 键，调整代码缩进，调整后的内容如图 5-13 所示。

```
<!-- 页头区 -->
<div id="header">
    <div id="top_logo">
        <!-- logo -->
        |
    </div>
```

图 5-12 示例代码

```
<!-- 页头区 -->
<div id="header">
    <div id="top_logo">
        <!-- logo -->
        <img src="images/rczplogo.png" width="400" height="120" alt="logo"></div>
```

图 5-13 示例代码

(2) **页头链接设计**：将光标定位到代码<!-- 页头链接 -->下方的空行。单击“插入”菜单→“HTML”→“文本对象”→“项目列表”选项，将生成代码<ul></ul>。

将光标定位到<ul></ul>标签中间(下文中此操作含义相同)，如图 5-14 所示。

单击“插入”菜单→“HTML”→“文本对象”→“列表项”选项，将生成代码<li></li>。将光标定位到<li></li>标签中间，单击“插入”菜单→“超链接”选项，“文本”输入“首页”，“链接”单击“文件夹”图标，在弹出窗口中选择文件 index.html，单击“确定”按钮。生成的代码如图 5-15 所示。

```
<div id="top_info">
    <!-- 页头链接 -->
    <ul></ul>
    <div id="top_tel">
        0431-xxxxxxx
    </div>
</div>
```

图 5-14 示例代码

```
<div id="top_info">
    <!-- 页头链接 -->
    <ul><li><a href="index.html">首页</a></li></ul>
    <div id="top_tel">
        0431-xxxxxxx
    </div>
</div>
```

图 5-15 示例代码

复制粘贴并编辑代码,编辑后的代码如图 5-16 所示。

```
<div id="top_info">
    <!-- 页头链接 -->
    <ul>
        <li><a href="index.html">首页</a></li>
        <li><a href="index.html">职位分类</a></li>
        <li><a href="index.html">关于我们</a></li>
        <li><a href="index.html">联系我们</a></li>
    </ul>
    <div id="top_tel">
        0431-xxxxxxx
    </div>
</div>
```

图 5-16 示例代码

(3) 导航链接设计:将光标定位到代码<!-- 导航链接 -->下方的空行。单击"插入"菜单→"HTML"→"文本对象"→"项目列表"选项,将生成代码<ul></ul>。

将光标定位到<ul></ul>标签中,单击"插入"菜单→"HTML"→"文本对象"→"列表项"选项,将生成代码<li></li>。

将光标定位到<li></li>标签中,单击"插入"菜单→"超级链接"选项,"文本"输入"首页","链接"单击"文件夹"图标,在弹出窗口中选择文件 index.html,"目标"选择_self,单击"确定"按钮。选中代码"首页",如图 5-17 所示。

```
<!-- 导航区 -->
<div id="navarea">
    <div id="nav">
        <!-- 导航链接 -->
        <ul><li><a href="index.html" target="_self">首页</a></li></ul>
    </div>
</div>
```

图 5-17 示例代码

单击"插入"菜单→"HTML"→"文本对象"→"加强"选项。选中代码"<strong>首页</strong>",单击"插入"菜单→"HTML"→"文本对象"→"强调"选项。

复制粘贴并编辑代码后,代码如图 5-18 所示。

将光标定位到首页<a>标签的 target 属性前,属性面板中的"类"选择"select",如图 5-19 所示。

操作后首页所在行的代码为:

```
<li><a href="index.html" target="_self" class="select" ><em><strong>首页</strong></em></a></li>
```

```
<!-- 导航区 -->
<div id="navarea">
    <div id="nav">
        <!-- 导航链接 -->
        <ul>
        <li><a href="index.html" target="_self"><em><strong>首页</strong></em></a></li>
        <li><a href="gwxx.html" target="_self"><em><strong>岗位信息</strong></em></a></li>
        <li><a href="qzxx.html" target="_self"><em><strong>求职信息</strong></em></a></li>
        <li><a href="cjgl.html" target="_self"><em><strong>成绩管理</strong></em></a></li>
        <li><a href="bbs.html" target="_self"><em><strong>求职论坛</strong></em></a></li>
        </ul>
    </div>
</div>
```

图 5-18　示例代码

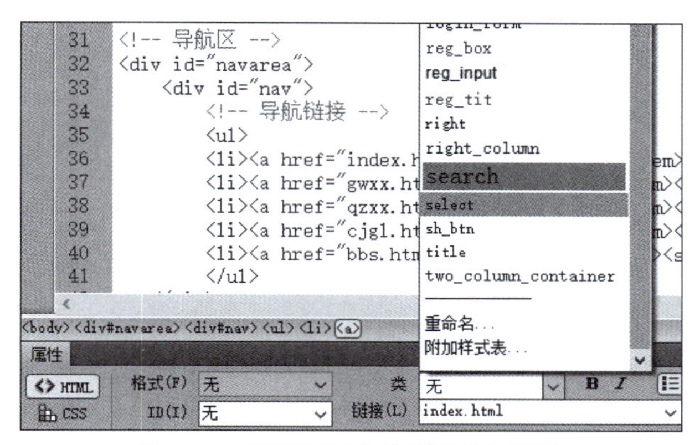

图 5-19　属性面板中的"类"选择操作

(4) 搜索表单设计：将光标定位到代码<!-- 搜索表单 -->下方的空行。

单击"插入"菜单→"表单"→"表单"选项。在弹出的"标签编辑器- form"窗口中，"方法"选择 post，名称输入 searchform，单击"确定"按钮。

将光标定位到<form></form>标签中，单击"插入"菜单→"表单"→"文本域"选项。在弹出的"标签编辑器-input"窗口中，"名称"输入 key，"大小"输入 50，"最大长度"输入 25，单击"确定"按钮。

不改变光标位置(在</form>前)，单击"插入"菜单→"表单"→"单选按钮组"选项。在弹出的"单选按钮组"窗口中，输入内容如图 5-20 所示。

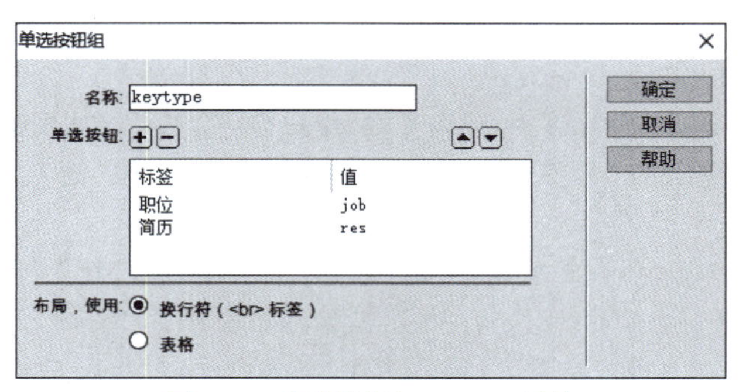

图 5-20　单选按钮组 keytype 设计

删除生成代码中的一对<p></p>标签和两个
标签。将光标定位到如图5-21所示的位置。

```
<!-- 搜索区 -->
<div class="search">
    <div class="center">
        <!-- 搜索表单 -->
        <form action="" method="post" name="searchform"><input name="key" type="text" size="50" maxlength="25">
            <label>
              <input type="radio" name="keytype" value="job" id="keytype_0">
              职位</label>
            <label>
              <input type="radio" name="keytype" value="res" id="keytype_1">
              简历</label>
              |
        </form>
    </div>
    <div class="clear"></div>
</div>
```

图 5-21 示例代码

单击“插入”菜单→“表单”→“按钮”选项。在弹出的“标签编辑器-input”窗口,“类型”选择“提交”,“名称”输入sousuo,“值”输入“搜索”,单击“确定”按钮。

将光标定位到value="job"后面,属性面板的“初始状态”选择“已勾选”。将光标定位到name="sousuo"后面,属性面板的“类”选择sh_btn。生成的代码如图5-22所示。

```
<!-- 搜索区 -->
<div class="search">
    <div class="center">
        <!-- 搜索表单 -->
        <form action="" method="post" name="searchform"><input name="key" type="text" size="50" maxlength="25">
            <label>
              <input name="keytype" type="radio" id="keytype_0" value="job" checked>
              职位</label>
            <label>
              <input type="radio" name="keytype" value="res" id="keytype_1">
              简历</label>
              <input name="sousuo" type="submit" class="sh_btn" value="搜索">
        </form>
    </div>
    <div class="clear"></div>
</div>
```

图 5-22 示例代码

(5) **登录表单设计**:将光标定位到代码<!-- 登录表单 -->下方的空行。单击“插入”菜单→“表单”→“表单”选项。在弹出的“标签编辑器- form”窗口中,“方法”选择post,名称输入login,单击“确定”按钮。

将光标定位到<form></form>标签中,单击“插入”菜单→“HTML”→“文本对象”→“列表项”选项,将生成代码<li></li>。

将光标定位到<li></li>标签中,输入文本“用户名:”,然后单击“插入”菜单→“表单”→“文本域”选项。在弹出的“标签编辑器-input”窗口中,“名称”输入userid,单击“确定”按钮。

将光标定位到</form>标签前面,单击“插入”菜单→“HTML”→“文本对象”→“列表项”选项,将生成代码<li></li>。

将光标定位到<li></li>标签中,输入文本“密   码:”,然后单击“插入”菜单→“表单”→“文本域”选项。在弹出的“标签编辑器-input”窗口中,“类型”选择“密码”,“名称”输入password,单击“确定”按钮。

将光标定位到</form>标签前面，单击“插入”菜单→“HTML”→“文本对象”→“列表项”选项，将生成代码<li></li>。

将光标定位到<li></li>标签中，输入文本“账户类型：”，不改变光标位置(在“账户类型：”后面)，单击“插入”菜单→“表单”→“单选按钮组”选项。在弹出的“单选按钮组”窗口中，输入内容如图 5-23 所示，单击“确定”按钮。

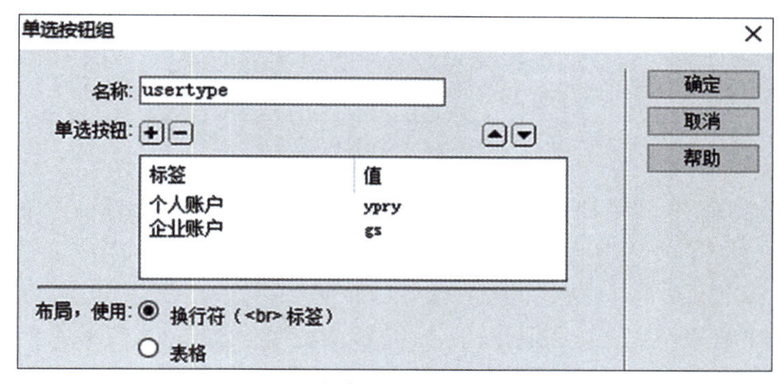

图 5-23　单选按钮组 usertype 设计

将光标定位到</form>标签前面，单击“插入”菜单→“HTML”→“文本对象”→“列表项”选项，将生成代码<li></li>。

将光标定位到<li></li>标签中，单击“插入”菜单→“表单”→“按钮”选项。在弹出的“标签编辑器- input”窗口中，“类型”选择“提交”，“名称”输入 denglu，“值”输入“立即登录”，单击“确定”按钮。

将光标定位到</form>标签前面，单击“插入”菜单→“HTML”→“文本对象”→“列表项”选项，将生成代码<li></li>。

将光标定位到<li></li>标签中，单击“插入”菜单→“超级链接”选项，“文本”输入“立即注册”，单击“确定”按钮。

手工编辑代码后(调整缩进使用 Tab 键)，代码如图 5-24 所示。

```
<!-- 登录表单 -->
<form action="" method="post" name="login">
    <li>用户名: <input name="userid" type="text" class="login_input"></li>
    <li>密   码:
        <input name="password" type="password" class="login_input">
    </li>
    <li>账户类型:
        <input type="radio" name="usertype" value="ypry">个人账户
        <input type="radio" name="usertype" value="gs">企业账户
    </li>
    <li  style="justify-content: center;" class="login-sub">
    <input name="denglu" type="submit" value="立即登录">
    </li>
    <li  style="justify-content: center;">
    <a href="#">立即注册</a>
    </li>
</form>
```

图 5-24　示例代码

(6) **设计合作企业表格：**将光标定位到代码<!-- 合作企业表格 -->下方的空行。单击“插入”菜单→“表格”选项。在弹出的“表格”窗口中，“行数”输入 2，“列数”输入 3，“表格宽度”输入 300，“边框粗细”输入 0，“单元格边距”输入 0，“单元格间距”输入 10。“标题”选择

“无”,单击“确定”按钮。用Tab键缩进代码,如图5-25所示。

```
<!-- 合作企业表格 -->
<table width="300" border="0" cellspacing="10" cellpadding="0">
    <tr>
        <td> </td>
        <td> </td>
        <td> </td>
    </tr>
    <tr>
        <td> </td>
        <td> </td>
        <td> </td>
    </tr>
</table>
```

图5-25 示例代码

单击鼠标右键,在弹出菜单中选择“编辑标签”菜单项,在弹出的“标签编辑器-tr”中,“对齐”选择“居中对齐”项,“垂直对齐方式”选择“中间”项,单击“确定”按钮。用同样操作,设置第二个<tr>标签。

将光标定位到第一个<td> </td>标签中,删除“ ”,单击“插入”菜单→“图像”选项,选择images文件夹中的logo1.png文件,“相对于”选择“文档”,单击“确定”按钮。在弹出窗口中不设置替换文本,直接单击“确定”按钮。

复制粘贴并编辑代码后(调整缩进使用Tab键),代码如图5-26所示。

```
<!-- 合作企业信息区 -->
<div class="right_column">
    <div class="adv_area">
        <font>欢迎进入人才招聘网站首页！我们与许多企业建立了友好的合作关系</font>
        <hr />
        <!-- 合作企业表格 -->
        <table width="300" border="0" cellspacing="10" cellpadding="0">
            <tr align="center" valign="middle">
                <td><img src="images/Logo1.png"></td>
                <td><img src="images/Logo2.png"></td>
                <td><img src="images/Logo3.png"></td>
            </tr>
            <tr align="center" valign="middle">
                <td><img src="images/Logo4.png"></td>
                <td><img src="images/Logo5.png"></td>
                <td><img src="images/Logo6.png"></td>
            </tr>
        </table>
    </div>
</div>
```

图5-26 示例代码

(7) **最新职位表格设计**:将光标定位到代码<!-- 最新职位表格 -->下方的空行。单击“插入”菜单→“表格”选项。在弹出的“表格”窗口中,“行数”输入3,“列数”输入6,“表格宽度”值为空(不输入),“边框粗细”值为空(不输入),“单元格边距”值为空(不输入),“单元格间距”值为空(不输入)。“标题”选择“顶部”,单击“确定”按钮。

编辑代码后(调整缩进使用Tab键),代码如图5-27所示。

(8) **页脚链接设计**:将光标定位到代码<!-- 页脚链接 -->下方的空行。单击“插入”菜单→“超级链接”选项,“文本”输入“首页”,“链接”单击“文件夹”图标,在弹出窗口中选择文件index.html,单击“确定”按钮。

复制粘贴并编辑代码后(调整缩进使用Tab键),代码如图5-28所示。

(9) **预览**:按F12键,若弹出对话框窗口,都选择“是”,系统自动启动浏览器打开index.html网页,查看网页效果。

```
<div class="list">
    <!-- 最新职位表格 -->
    <table>
        <tr>
            <th width="210">公司名称</th>
            <th width="210">岗位名称</th>
            <th width="100">年薪</th>
            <th width="300">聘任要求</th>
            <th width="100">人数</th>
            <th width="150">笔试日期</th>
        </tr>
        <tr>
            <td>工商前进支行</td>
            <td>会计</td>
            <td>10</td>
            <td>笔试经济学+金融</td>
            <td>3</td>
            <td>2023-05-10</td>
        </tr>
        <tr>
            <td>腾讯总公司</td>
            <td>理财师</td>
            <td>9</td>
            <td>笔试：经济法+财务管理</td>
            <td>12</td>
            <td>2023-01-22</td>
        </tr>
    </table>
</div>
```

图 5-27　示例代码

```
<div class="ft-info">
    <!-- 页脚链接 -->
    <a href="index.html">首页</a>
    <a href="index.html">关于我们</a>
    <a href="index.html">服务协议</a>
    <a href="index.html">合作伙伴</a>
    <a href="index.html">联系我们</a>
</div>
```

图 5-28　示例代码

3. 获取本机 IP 地址

（1）启动控制台：键盘输入 WIN ＋R，在运行窗口的“打开”框输入 cmd，单击“确定”按钮。

（2）获取 IP：在控制台窗口输入 ipconfig /all 并按 Enter 键，本机 IP 窗口如图 5-29 所示。

```
C:\WINDOWS\system32\cmd.exe
   IPv4 地址 . . . . . . . . . . . . : 192.168.3.101(首选)
   子网掩码  . . . . . . . . . . . . : 255.255.255.0
   获得租约的时间  . . . . . . . . . : 2023年9月30日 18:55:36
   租约过期的时间  . . . . . . . . . : 2023年10月1日 18:55:36
   默认网关. . . . . . . . . . . . . : 192.168.3.1
   DHCP 服务器 . . . . . . . . . . . : 192.168.3.1
```

图 5-29　查看 IP 窗口

4. 通过局域网访问站点

在局域网内其他计算机的浏览器地址栏输入 http://192.168.3.101/rczp/index.html，访问人才招聘网站主页。

八、思考题

（1）如何将站点发布到互联网？

（2）如何申请站点域名？如何将站点域名和服务器 IP 地址进行绑定？

5.3 会员注册页面设计

一、实验目的

通过设计会员注册网页,掌握包含表单元素的静态网页设计方法。

二、实验任务

在模板网页基础上设计图5-30所示的会员注册网页 zhuce.html。

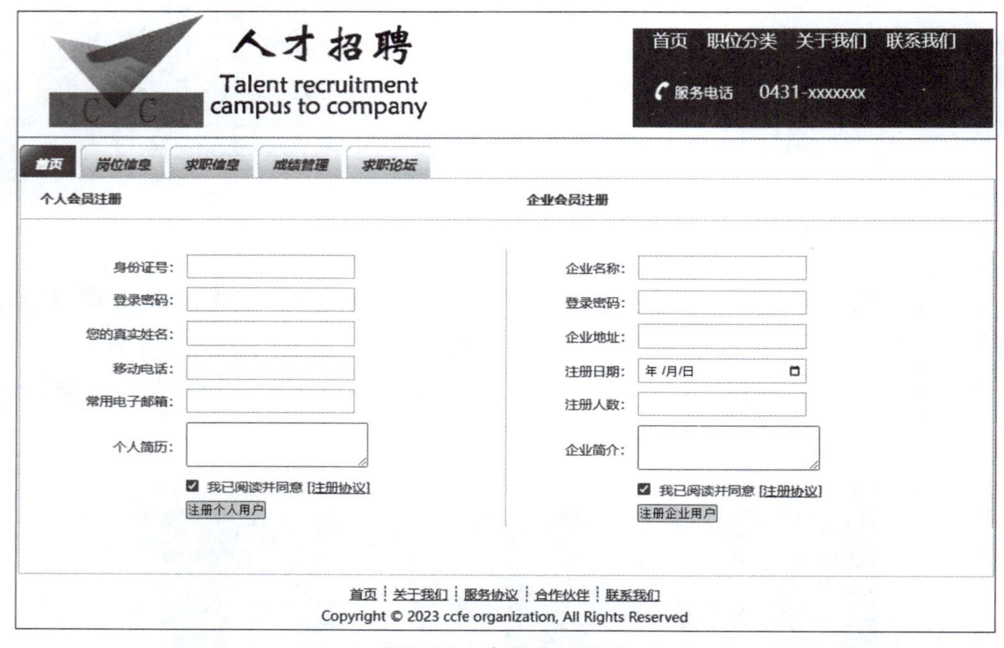

图 5-30 会员注册网页

三、任务分析

设计个人会员注册表单和企业会员注册表单的任务要求相似,都以模板网页为基础进行设计,通过可视化操作创建表单和表单控件,再以手工编写代码方式完成具体设计。

四、技能点

设计表单: 使用"插入"菜单的"表单"项,可以插入表单和表单控件。

五、设计步骤

1. 准备工作

（1）打开模板文件：创建站点后，在本地站点文件夹中准备好资源文件（如图 5-9 所示），选择文件面板→“本地视图”，双击 muban_1.html 文件，打开模板文件。

（2）文件另存为：选择“文件”菜单→“另存为”菜单项，在“另存为”窗口中，“文件名”输入 zhuce.html，注意不要改变文件默认保存位置，单击“保存”按钮。

2. 会员注册网页设计

（1）个人会员注册表单设计：将光标定位到代码<!-- 个人会员注册表单 -->下方的空行，如图 5-31 所示。

```
<table width="100%" border="0" cellspacing="0" cellpadding="0"
style="margin-bottom:50px; margin-top:30px;">
    <tr>
        <td width="50%" style=" border-right:1px #DDDDDD solid">
            <!-- 个人会员注册表单 -->
            |
        </td>
        <td></td>
        <td width="50%" style=" border-right:1px #DDDDDD solid">
            <!-- 企业会员注册表单 -->

        </td>
    </tr>
</table>
```

图 5-31　示例代码

单击“插入”菜单→“表单”→“表单”选项。在弹出的“标签编辑器- form”窗口中，“方法”选择 post，“名称”输入 gr，单击“确定”按钮。

将光标定位到<form action="" method="post" name="gr"></form>标签中，单击“插入”菜单→“表格”选项。在弹出的“表格”窗口中，“行数”输入 8，“列数”输入 2，“表格宽度”单位选择“百分比”，值输入 100，“边框粗细”输入 0，“单元格边距”输入 0，“单元格间距”输入 0。“标题”选择“无”，单击“确定”按钮。生成的部分代码如图 5-32 所示。

```
<!-- 个人会员注册表单 -->
<form action="" method="post" name="gr">
    <table width="100%" border="0" cellspacing="0" cellpadding="0">
        <tr>
            <td> </td>
            <td> </td>
        </tr>
        <tr>
            <td> </td>
            <td> </td>
        </tr>
```

图 5-32　示例代码

将光标定位到 width="100%"前，“属性”面板中的“对齐”选择“居中对齐”。

表格的第 1 对<tr></tr>标签（表格的第一行数据，有两个单元格）的代码修改如下：

```
<tr>
```

```
    <td align="right">身份证号：</td>
    <td>
    <input name="身份证号" type="text" class="reg_input" maxlength="25">
    </td>
</tr>
```

表格的第2对<tr></tr>标签的代码修改如下：

```
<tr>
    <td align="right">登录密码：</td>
    <td>
    <input name="密码" type="password" class="reg_input" maxlength="60">
    </td>
</tr>
```

表格的第3对<tr></tr>标签的代码修改如下：

```
<tr>
    <td align="right">您的真实姓名：</td>
    <td><input name="姓名" type="text" class="reg_input" maxlength="18"></td>
</tr>
```

表格的第4对<tr></tr>标签的代码修改如下：

```
<tr>
    <td align="right">移动电话：</td>
    <td>
    <input name="移动电话" type="text" class="reg_input" maxlength="18">
    </td>
</tr>
```

表格的第5对<tr></tr>标签的代码修改如下：

```
<tr>
    <td align="right">常用电子邮箱：</td>
    <td>
    <input name="email账号" type="text" class="reg_input" maxlength="18">
    </td>
</tr>
```

表格的第6对<tr></tr>标签的代码修改如下：

```
<tr>
    <td align="right">个人简历：</td>
    <td><textarea name="个人简历" rows="3" cols="24"></textarea></td>
</tr>
```

表格第7对<tr></tr>标签的代码修改如下：

```
<tr>
    <td><input name="member_type" type="hidden" value="1"></td>
    <td><input name="agreement" type="checkbox" value="1" checked="checked">
我已阅读并同意 <a href="#" target="_blank">[注册协议]</a></td>
</tr>
```

表格第 8 对<tr></tr>标签的代码修改如下：

```
<tr>
    <td> </td>
    <td><input name="zcgr" type="submit" value="注册个人用户"></td>
</tr>
```

按 F12 键，在浏览器中预览网页，效果如图 5-33 所示。

图 5-33 个人会员注册页面

（2）企业会员注册表单设计：将光标定位到代码<!-- 企业会员注册表单 -->下方的空行。创建表单和表格的操作，与个人会员注册表单设计相似，插入表单时，在弹出的“标签编辑器-form”中“名称”输入 qy，操作完成后，得到类似如图 5-32 所示的代码。

表格的第 1 对<tr></tr>标签的代码修改如下：

```
<tr>
    <td width="130" height="40" align="right">企业名称：</td>
    <td><input name="名称" type="text" class="reg_input" maxlength="25"></td>
</tr>
```

表格的第 2 对<tr></tr>标签的代码修改如下：

```
<tr>
    <td align="right">登录密码：</td>
    <td>
    <input name="密码" type="password" class="reg_input" maxlength="60">
    </td>
</tr>
```

表格的第 3 对<tr></tr>标签的代码修改如下：

```
<tr>
    <td align="right">企业地址：</td>
    <td><input name="地址" type="text" class="reg_input" maxlength="18"></td>
</tr>
```

表格的第4对<tr></tr>标签的代码修改如下：

```
<tr>
    <td align="right">注册日期：</td>
    <td><input name="注册日期" type="date" class="reg_input"></td>
</tr>
```

表格的第5对<tr></tr>标签的代码修改如下：

```
<tr>
    <td align="right">注册人数：</td>
    <td>
    <input name="注册人数" type="text" class="reg_input" maxlength="5">
    </td>
</tr>
```

表格的第6对<tr></tr>标签的代码修改如下：

```
<tr>
    <td align="right">企业简介：</td>
    <td><textarea name="简介" rows="3" cols="24"></textarea></td>
</tr>
```

表格的第7对<tr></tr>标签的代码修改如下：

```
<tr>
    <td><input name="member_type" type="hidden" value="2"></td>
    <td><input name="agreement" type="checkbox" value="1" checked="checked">
    我已阅读并同意<a href="#" target="_blank">[注册协议]</a></td>
</tr>
```

表格的第8对<tr></tr>标签的代码修改如下：

```
<tr>
    <td> </td>
    <td><input name="zcqy" type="submit" id="reg" value="注册企业用户"></td>
</tr>
```

按F12键，在浏览器中预览网页，效果如图5-30所示。

六、思考题

(1) 如何校验会员注册信息，如身份证号位数、密码强度？
(2) 如何保存会员注册信息？

5.4　信息显示页面设计

一、实验目的

通过设计岗位信息网页和求职信息网页，掌握使用表格元素在静态网页中显示数据的方法。

二、实验任务

（1）在模板网页 muban_2.html 的基础上设计图 5-34 所示的岗位信息网页 gwxx.html。

图 5-34　岗位信息网页

（2）在模板网页 muban_3.html 的基础上设计图 5-35 所示的求职信息网页 qzxx.html。

图 5-35　求职信息网页

三、任务分析

两个任务要求相似，即都是以模板网页为基础，设计包含表格元素的静态网页。先用

Dreamweaver 可视化操作插入表格,再通过手工编码的方式设计表格的单元格。

四、技能点

设计表格: 使用 Dreamweaver 的可视化操作“插入”→“表格”,或在代码视图中编写代码都可以完成表格设计。

五、设计步骤

1. 准备工作

(1) **打开模板文件:** 选择文件面板→“本地视图”,双击 muban_2.html 文件,在代码视图中查看网页代码。

(2) **文件另存为:** 选择“文件”菜单→“另存为”菜单项,在“另存为”窗口中,“文件名”输入 gwxx.html,注意不要改变文件默认保存位置,单击“保存”按钮。

2. 岗位信息页面设计

将光标定位到代码<!-- 岗位信息表 -->下方的空行,如图 5-36 所示。

```
<!-- 主要内容区 -->
<div id="contentarea">
    <div class="display" >
        <div class="title" >
            <div class="left">全部职位</div>
        </div>
        <div style="display: flex;justify-content: center;text-align: center;" >
            <!-- 岗位信息表 -->
            |
        </div>
    </div>
</div>
```

图 5-36 示例代码

单击“插入”菜单→“表格”选项。在弹出的“表格”窗口中,“行数”输入 3,“列数”输入 7,“表格宽度”值为空(无信息),“边框粗细”输入 1,“单元格边距”输入 0,“单元格间距”输入 0。“标题”选择“无”,单击“确定”按钮。用 Tab 键缩进代码后,生成的部分代码如图 5-37 所示。

```
<!-- 岗位信息表 -->
<table border="1" cellspacing="0" cellpadding="0">
    <tr>
        <td> </td>
        <td> </td>
        <td> </td>
        <td> </td>
        <td> </td>
        <td> </td>
        <td> </td>
    </tr>
```

图 5-37 示例代码

接下来编辑代码。表格的第 1 对<tr></tr>标签(表格的第一行数据,有 7 个单元格)的代码修改如下:

```
<tr>
    <td>岗位编号</td>
    <td>岗位名称</td>
    <td>人数</td>
    <td>年薪</td>
    <td>笔试日期</td>
    <td>聘任要求</td>
    <td>公司名称</td>
</tr>
```

表格的第 2 对<tr></tr>标签的代码修改如下：

```
<tr>
    <td>A0004</td>
    <td>会计</td>
    <td>3</td>
    <td>10</td>
    <td>2023-05-10</td>
    <td>笔试经济学+金融</td>
    <td>工商前进支行</td>
</tr>
```

表格的第 3 对<tr></tr>标签的代码修改如下：

```
<tr>
    <td>A0002</td>
    <td>银行柜员</td>
    <td>5</td>
    <td>10</td>
    <td>2023-01-15</td>
    <td>计算机二级,笔试: 金融+会计学</td>
    <td>工商前进支行</td>
</tr>
```

按 F12 键，在浏览器中预览网页，效果如图 5-34 所示。

3. 应聘人员信息页面设计

（1）**打开模板文件**：选择文件面板→“本地视图”，双击 muban_3.html 文件，在代码视图中查看网页代码。

（2）**文件另存为**：选择“文件”菜单→“另存为”菜单项，在“另存为”窗口中，“文件名”输入 qzxx.html，注意不要改变文件默认保存位置，单击“保存”按钮。

（3）应聘人员信息页面设计：将光标定位到代码<!-- 求职信息表 -->下方的空行，如图 5-38 所示。

单击“插入”菜单→“表格”选项。在“表格”窗口中，“行数”输入 3，“列数”输入 12，“表格宽度”值为空（无信息），“边框粗细”输入 1，“单元格边距”空（无信息），“单元格间距”空（无信息）。“标题”选择“无”，单击“确定”按钮。

接下来编辑代码。表格的第 1 对<tr></tr>标签（表格的第一行数据，有 12 个单元格）的代码修改如下：

```
<!-- 主要内容区 -->
<div id="contentarea">
    <div class="display" >
        <div class="title" >
            <div class="left">应聘人员</div>
        </div>
        <div style="display: flex;justify-content: center;text-align: center;">
            <!--求职信息表 -->
            |
        </div>
    </div>
</div>
```

图 5-38 示例代码

```
<tr>
    <td>姓名</td>
    <td>婚否</td>
    <td>最后学历</td>
    <td>最后学位</td>
    <td>所学专业</td>
    <td>通信地址</td>
    <td>邮政编码</td>
    <td>Email 账号</td>
    <td>QQ 账号</td>
    <td>固定电话</td>
    <td>移动电话</td>
    <td>个人简历</td>
</tr>
```

表格的第 2 对<tr></tr>标签的代码修改如下：

```
<tr>
    <td>王丽敏</td>
    <td>0</td>
    <td>4</td>
    <td>4</td>
    <td>金融学</td>
    <td>北京西城区德外大街***</td>
    <td>100120</td>
    <td>wlm@sina.com</td>
    <td>1908530753</td>
    <td>010-58581***</td>
    <td>15888990***</td>
    <td>2010年9月高中……;2013年通过全国计算机考试三级。</td>
</tr>
```

表格的第 3 对<tr></tr>标签的代码修改如下：

```
<tr>
    <td>刘德厚</td>
    <td>0</td>
    <td>3</td>
    <td>2</td>
    <td>会计学</td>
```

```
    <td>长春前进大街***</td>
    <td>130012</td>
    <td>ldh@jlu.edu.cn</td>
    <td>2408522733</td>
    <td>0431-85166***</td>
    <td>13988699***</td>
    <td>2013 年 9 月高中……;2015 年通过全国计算机考试二级。</td>
</tr>
```

按 F12 键，在浏览器中预览网页，效果如图 5-35 所示。

六、思考题

（1）如何使用 Dreamweaver 的插入表格功能新建表格？

（2）如何为表格设计样式？

第 6 单元　PHP 程序设计

PHP(Hypertext Preprocessor,超文本预处理器)语言是全球最普及、应用最广泛的互联网程序设计语言之一。PHP 是将程序嵌入 HTML 文档中去执行,执行效率高,其混合了 C、Java、Perl 以及 PHP 自创的新语法,具有简单、易学、源代码开放、可操纵多种数据库、支持面向对象程序设计、支持跨平台操作及完全免费等特点。

Dreamweaver 是一款集网页制作和网站管理于一身的所见即所得的网页设计软件,利用它可以轻而易举地制作出跨平台和跨浏览器的网页。在 Dreamweaver 中可以直接创建 PHP 程序,从而实现网页中的控制功能。

6.1　表达式应用

一、实验目的

掌握 PHP 中常用表达式的运算规则,能根据程序需要设计和测试表达式,输出表达式的运算结果。

二、实验任务

(1) 设计图 6-1 所示的表单,打开网页后随机生成变量$x、$y 和$z 的值,其值为[0,10]的整数。用户在变量下方列出的表达式行后选择针对表达式的判断结果,页面下方列出了系统对表达式的判断结果,用于检测用户的判断是否正确。单击“更换数据”按钮后刷新网页内容,给出一组新的数据,用于再次测试。

(2) 将页面文件以文件名 Exp6_1.php 保存在站点文件夹中。

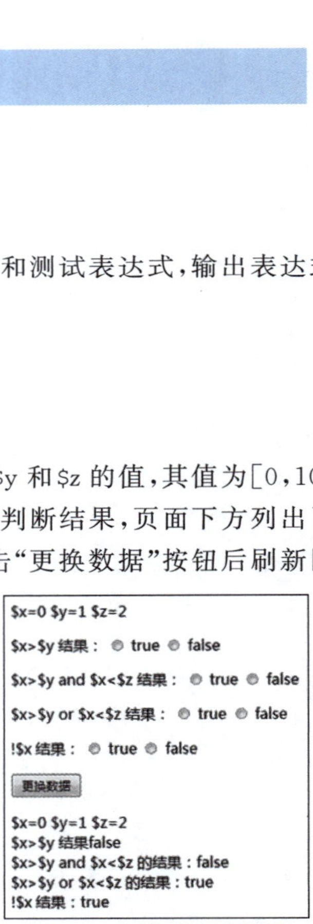

$x=0 $y=1 $z=2
$x>$y 结果: true false
$x>$y and $x<$z 结果: true false
$x>$y or $x<$z 结果: true false
!$x 结果: true false
更换数据
$x=0 $y=1 $z=2
$x>$y 结果false
$x>$y and $x<$z 的结果: false
$x>$y or $x<$z 的结果: true
!$x 结果: true

图 6-1　表达式测试页面

三、任务分析

实现变量的随机数赋值可以使用 PHP 函数 Rand(),其参数能够设置随机生成数据的范围。在 PHP 代码中显示生成的变量值。变量值后的表达式判断使用表单实现,表单中的表达式可以直接输入，表达式后的控件为单选按钮，“更换数据”为按钮，用于刷新页面。答案提示区域为一段 PHP 代码，判断结果使用条件运算符直接生成。

四、预备知识

1. 随机数函数 Rand()

Rand()函数用来生成给定区间范围内的一个随机整数，其函数格式如下。

```
Rand(n1,n2)
```

其生成的整数范围为[n1,n2]，如果省略参数 n1 和 n2，函数返回 0 到 Getrandmax()之间的任意一个随机整数。其中 Getrandmax()为 PHP 中用于获取最大随机数的函数，其结果通常是 32767。

2. 条件运算符

条件运算符是三元运算符，实现条件运算需要 3 个操作数，其语法规则如下。

```
条件表达式? 表达式 1: 表达式 2
```

条件运算符的执行过程是首先计算条件表达式。若其结果为 True，则计算表达式 1 并将表达式 1 的结果作为条件运算符的结果；若条件表达式的计算结果为 False，则计算表达式 2 并将表达式 2 的结果作为条件运算符的结果。

五、技能点

(1) 创建 PHP 应用程序。在 Dreamweaver 中创建 PHP 应用程序。

(2) 表单应用。在页面中添加表单。

(3) 表单控件应用。在表单中添加表单控件，通过修改表单控件的属性值及为具有控制功能的控件编写代码，从而丰富页面、实现控制功能。

六、注意事项

(1) 在 Dreamweaver 中编写 PHP 程序，需要在 Dreamweaver 中建立站点并配置服务器信息，选定服务器配置中的“测试”项。

(2) PHP 代码使用“<?PHP”开始，使用“?>”结束，其间可以书写任意多行代码。

(3) 页面中每行表达式后的两个单选按钮的标签分别为 True 和 False，构成一组，形成互斥选项，即选择了 True 按钮，则 False 按钮的选项就自动取消，反之亦然。设计中只需要将每行的两个单选按钮命名成相同的名字即可(name 属性值相同)。

七、实验步骤

1. 创建 PHP 程序

(1) 启动 Dreamweaver,单击“文件”菜单→“新建”选项。

(2) 在“新建文档”对话框中选择“页面类型”为 PHP,单击“创建”按钮。

(3) 在代码视图中将标签<title>与</title>之间的内容修改为“表达式测试”。

(4) 单击“文件”菜单→“保存”项,选择保存位置(如 D:\rczp)后输入文件名 Exp6_1.php,单击“保存”按钮。

2. 创建 PHP 代码定义变量并显示

在代码视图中<body>与</body>标签之间输入如下代码。

```
<?php
    $x=rand(0,10); $y=rand(0,10);$z=rand(0,10);  //定义变量并用随机数函数赋值
    echo '$x=',$x,'  $y=',$y,'  $z=',$z,'<br>'; //在页面中显示变量名及其值
?>
```

3. 插入表单及表单控件

(1) 单击“文档”工具栏中的设计视图按钮,光标定位在页面中 PHP 提示符后,按 Enter 键增加新行,单击“插入”菜单→“表单”→“表单”项。

(2) 在表单中输入文字“$x>$y 结果:”,单击“插入”菜单→“表单”→“单选按钮”,在对话框中“标签”项后输入 true,单击“确定”按钮,单击插入的单选按钮图标,在属性面板中将“单选按钮”的值修改为 radio1。

(3) 使用同样的方法在插入的单选按钮后再插入一个单选按钮,其标签设置为 False,其属性面板中“单选按钮”的值修改为 radio1。

(4) 在表单第一行内容的结尾按 Enter 键,在新的一行中输入表达式“$x>$y and $x<$z 结果:”,在表达式后同样插入两个单选按钮,在属性面板中将其“单选按钮”的值均设置为 radio2。

(5) 使用同样的方式增加其他行表达式内容,内容参看图 6-1。

(6) 在最后一个表达式后按 Enter 键增加一行,单击“插入”菜单→“表单”→“按钮”→“确定”按钮,在属性面板中,将“值”设置为“更换数据”。

4. 创建 PHP 代码生成答案

单击“文档”工具栏中的代码视图按钮,在标签</form>和</body>之间输入如下代码。

```
<?php
    echo '$x=',$x,' $y=',$y,' $z=',$z,"<br>";        //输出变量及其值
    echo '$x>$y 结果',$x>$y?'true':'false','<br>';       /输出表达式及判断结果
    echo '$x>$y and $x<$z 的结果:',($x>$y and $x<$z)?'true':'false','<br>';
```

```
    echo '$x>$y or $x<$z 的结果:',($x>$y or $x<$z)?'true':'false','<br>';
    echo '!$x 结果:',!$x ?'true':'false','<br>';
?>
```

5. 运行程序查看结果

单击“文件”菜单→“保存”项保存程序,单击“文档”工具栏中的“在浏览器中预览/调试”图标,选择“预览在 IExplore”项,在 IE 浏览器中查看页面执行效果。

八、思考题

(1) 程序中能否实现随机生成任意长度任意内容的字符串?需要用到哪些 PHP 函数?
(2) 程序中用户答案的选择若不用单选按钮,还可以用什么控件实现?
(3) 针对本程序还可以有哪些修改完善建议?

6.2　数组定义

一、实验目的

了解数组的基本概念,掌握 PHP 中数组的定义、赋值及引用方法。

二、实验任务

(1) 创建 PHP 应用程序 SY6_2.php,在程序中定义一维索引数组$xl,用于存储 gwb 表中的最低学历信息;定义一维关联数组$ypz,存储 ypryb 表中一名应聘者的部分资料信息。

(2) 使用 explode()函数将字符串“无;学士;双学士;硕士;博士”中的内容转换为数组元素,保存在数组$xw 中。

(3) 分别显示各数组的长度,并用下标方式显示数组中各元素的值。

(4) 使用 print_r()函数显示数组$ypz 的内容。

三、任务分析

可以使用 array([key=>]value,…)函数在 PHP 程序中创建数组,其中 value 为数组元素,省略“key=>”选项或 key 参数使用数字时数组即为索引数组,而 key 为元素名时其数组为关联数组,可以用数组下标引用数组元素,显示数组中的元素,也可以用 print_t()函数直接输出数组中的全部内容。

四、预备知识

1. 通过 array()函数创建数组

通过 array()函数创建数组,其使用格式有如下几种。

(1) 定义索引数组$gsmc,其含有 3 个元素,其下标分别是 1、2 和 3。

```
$gsmc=array(1=>"工商前进支行",2=>"腾飞总公司",3=>"医大一院");
```

(2) 定义索引数组$gsmc,其含有 3 个元素,其下标分别是 0、1 和 2。

```
$gsmc=array("工商前进支行","腾飞总公司","医大一院");
```

(3) 定义索引数组$gsmc,通过赋值形式确认数组 3 个元素,其下标分别是 1、2 和 3。

```
$gsmc=array();
$gsmc[1]="工商前进支行";$gsmc[2]="腾飞总公司";$gsmc[3]="医大一院";
```

(4) 定义关联数组$ypz,其含有 4 个元素,其下标分别是元素名称。

```
$ypz=array("证件号" =>"229901199503121538","姓名" =>"刘德厚","笔试成绩" =>85,
"面试成绩" =>90);
```

2. 通过 explode()函数创建数组

通过 explode()函数创建数组,函数的使用格式如下。

```
explode(分隔符,字符串,[数组长度]);
```

例如,语句"$xw=explode(";", "无;学士;双学士;硕士;博士");"省略数组长度时,explode()函数按字符串中的内容确定数组长度。当给出的数组长度小于字符串中的内容长度时,按给出的长度转换字符串内容。例如,给定语句"$xw=explode(";", "无;学士;双学士;硕士;博士",3);",则数组长度为 3,其中的 3 个元素分别是"无"、"学士"和"双学士;硕士;博士"。

3. count()函数统计数组中元素的个数

count()函数用于统计数组中含有元素的个数,其使用格式如下。

```
count(数组名);
```

4. print_r()函数实现数组元素的输出

print_r()函数用来输出表达式的值,其使用格式如下。

```
print_r(表达式);
```

当表达式为数组名时,其按数组元素的先后顺序输出数组下标及对应元素的值。

五、技能点

（1）数组的创建。能够在 PHP 中创建数组并对数组元素进行赋值。
（2）通过下标访问数组元素。在程序中通过下标访问索引数组或关联数组中的元素。
（3）使用 print_r()函数输出数组元素。使用 print_r()函数输出数组中的内容。

六、注意事项

（1）数组可以定义为索引数组或关联数组，使用下标方式访问数组元素时，需要按照数组的定义格式给出相应的下标值。

（2）若数组 a 中的每个元素都是一个数组，则数组 a 就构成了多维数组。二维数组通常用来保存表格形式的数据。

（3）程序中通常使用循环控制结构访问数组中的每个元素。

七、实验步骤

1. 创建 PHP 应用程序

（1）在 Dreamweaver 中单击“文件”菜单→“新建”项，在“新建文档”对话框中选择“页面类型”为 PHP，单击“创建”按钮。

（2）在代码视图中将标签<title>与</title>之间的内容修改为：数组定义。单击“文件”菜单→“保存”，在“另存为”对话框中输入文件名 SY6_2.php，单击“保存”按钮。

2. 定义数组，输出数组中的元素

在代码视图中，在标签<body>与</body>之间输入如下代码来定义数组。

```
<?php
    $xl=array("无要求","专科","本科","研究生","博士");
    $ypz=array("身份证号"=>"229901911503121538","姓名"=>"刘德厚","婚否"=>0,
    "所学专业"=>"会计学","移动电话"=>"13988699912","固定电话"=>"0431-
   85166032");
    $xw=explode(";","无;学士;双学士;硕士;博士");
    echo "数组\$xl 中共有:",count($xl),"个元素","<br>";
    echo "数组\$xl 中的内容是: ",$xl[0]," ,",$xl[1]," ,",$xl[2]," ,
          ",$xl[3]," ,",$xl[4],"<br>";
    echo "数组\$ypz 中共有:",count($ypz),"个元素","<br>";
    echo "数组\$ypz 中的内容是: ",$ypz["身份证号"]," ,",$ypz["姓名"]," ,",
    $ypz["婚否"]?"已婚":"未婚"," ,",$ypz["所学专业"]," ,",
    $ypz["移动电话"]," ,",$ypz["固定电话"],"<br>";
    echo "数组\$xw 中共有:",count($xw),"个元素","<br>";
    echo "数组\$xw 中的内容是: ",$xw[0]," ,",$xw[1]," ,",$xw[2]," ,",
    $xw[3]," ,",$xw[4],"<br>";
    print_r($ypz);?>
```

3. 查看程序执行效果

单击“文件”菜单→“保存”项保存文件。单击“文档”工具栏中“在浏览器中预览/调试”图标,选择“预览在 IExplore”项,在 IE 浏览器中查看页面执行效果。

八、思考题

(1) 在 PHP 中可以使用几种方法定义数组?一个定义的关联数组能否使用索引方式引用其数组元素?

(2) 若改用循环控制结构输出数组元素,则如何修改 SY6_2.php 中的程序代码?

6.3 if 分支程序设计

一、实验目的

掌握 PHP 中 if 分支语句的用法,能够应用 if 语句实现程序中的判断功能。

二、实验任务

设计登录页面程序 SY6_3.php,如图 6-2 所示,输入用户名 user01 和密码 1001,单击“登录”按钮,系统打开另一个程序文件 SY6_3_1.php(如图 6-3 所示)。输入其他用户名或密码时,系统提示“用户名或密码错误,请重新输入!”。

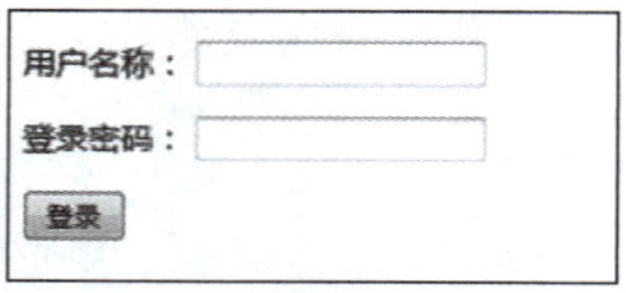

图 6-2 登录页面内容

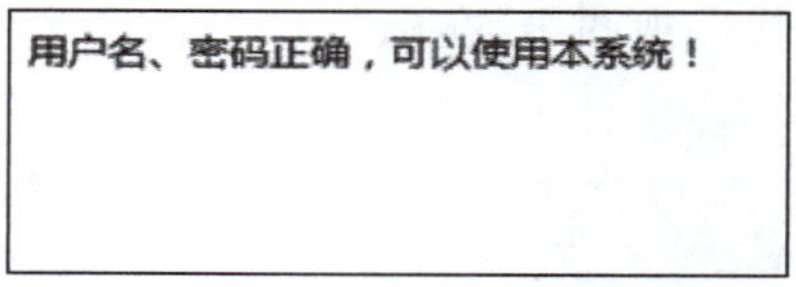

图 6-3 登录成功后的页面

三、任务分析

表单及表单控件用来实现页面中的控制功能。登录页面程序中首先插入一个表单,在表单中插入 2 个文本域控件和 1 个按钮控件,按钮的执行代码中通过 if 分支语句判断用户名及密码是否正确,根据判断的结果选择执行不同的程序代码。有多种方法在网页中打开一个新的页面,本实验使用 JavaScript 代码实现。用户名及密码判断成功后的页面 SY6_3_1.php 没有设计具体功能,只是给出了一段文字提示,可根据需要修改添加。

四、预备知识

1. PHP 中的 if 语句

分支语句用于判断程序中的多种情况并根据判断结果分别进行处理，分支结构语句流程如图 6-4 所示。

```
if(条件)
{  语句组 1  }
Else
{  语句组 2  }
```

if 语句中可以省略 else 及其后的语句组 2，这种应用即构成单分支语句。其中的语句组 1 及语句组 2 都可以是 if 分支语句，这种用法称为 if 语句的嵌套，利用 if 语句的嵌套能够实现多分支程序判断。

2. 在 PHP 代码中打开一个新的页面

在 PHP 中有多种方法可以打开一个新的页面文件。若使用 JavaScript 方法，则只需要在 PHP 代码中添加如下语句输出<script>与</script>标签。

```
echo "<script language='javascript'>window.location='页面文件名'</script>";
```

其中页面文件名需要给出页面文件的完整名称。

3. 在 PHP 代码中使用提示对话框

提示对话框是网页中常用的一种信息提示方法，使用 JavaScript 方法同样能快速实现提示对话框的功能，其 PHP 代码如下。

```
echo "<script language='javascript'>alert('提示信息')</script>";
```

例如，在程序中给出如下提示信息，则其对应的程序界面如图 6-5 所示。

```
echo "<script language='javascript'>alert ('用户名或密码错误，
                                    请重新输入！')</script>";
```

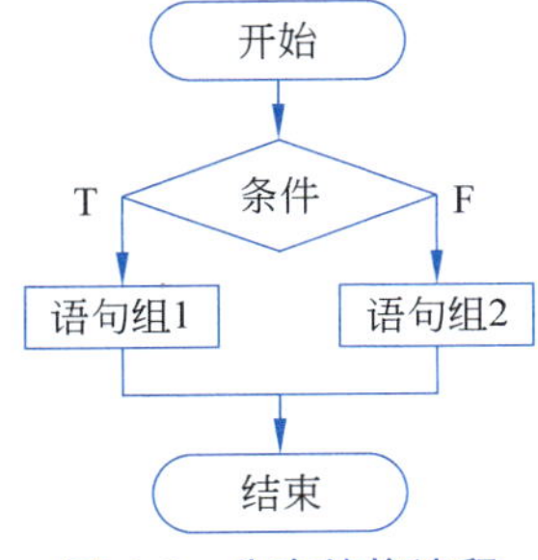

图 6-4　分支结构流程

图 6-5　提示对话框的界面

五、技能点

(1) if 语句的应用。能够使用 if 语句的多种格式设计分支程序。

(2) PHP 中使用 JavaScript 代码。掌握 PHP 中嵌入 JavaScript 代码的方法。

(3) PHP 中实现提示对话框。能够在 PHP 中通过 JavaScript 代码实现提示对话框。

六、注意事项

(1) 网站通常由多个页面文件构成,多个页面文件通常都保存在站点文件夹下,程序中出现调用时可以不用给出文件存放位置。

(2) if 分支语句语法结构中,条件成立或不成立,其后只能有一条语句。若判断后需要执行多条语句完成控制功能,可将多条语句使用一对花括号括起来形成复合语句,在 PHP 中复合语句是一条语句。

(3) if 分支语句条件后不能添加分号,因为单独的分号就是一条语句,称为空语句。出现空语句时,空语句即成为分支的执行语句。

七、实验步骤

1. 创建主页面程序 SY6_3_1.php

(1) 启动 Dreamweaver,单击“文件”菜单→“新建”项,选择“页面类型”为 PHP,单击“创建”按钮。

(2) 在文档的代码视图中将标签<title>与</title>之间的文字修改为“网站首页”,在<body>与</body>之间加入文字“用户名、密码正确,可以使用本系统!”。

(3) 单击“文件”菜单→“保存”项,在“另存为”对话框中输入文件名 SY6_3_1.php,单击“保存”按钮完成主页面程序设计。

2. 创建登录页面程序 SY6_3.php

(1) 创建 PHP 文档并修改文档的页面标题。在 Dreamweaver 中单击“文件”菜单→“新建”项,选择“页面类型”为 PHP,单击“创建”按钮,在文档的代码视图中将标签<title>与</title>之间的文字修改为“系统登录”。

(2) 在文档中创建表单。单击“文档”工具栏中的设计视图按钮,在设计视图中单击“插入”菜单→“表单”→“表单”项,在页面中添加表单。

(3) 在表单中创建表单控件。单击“插入”菜单→“表单”→“文本域”项,在“输入标签辅助功能属性”对话框中的“标签”项后输入文字“用户名称:”,单击“确定”按钮。单击将光标定位于表单中新添加的文本域控件后,按 Enter 键增加新行,同样的方式插入另一个文本域控件并将其标签命名为“登录密码:”。再次增加新行后单击“插入”菜单→“表单”→“按钮”→“确定”按钮。单击表单中的按钮,在“属性”面板中将其“值”属性修改为“登录”。

（4）为“登录”按钮设计代码。单击“文档”工具栏中的“代码”视图，在标签</form>与</body>之间输入如下 PHP 代码，实现按钮控件的控制功能。

```
<?php
    if(isset($_POST["button"]))                    //判断登录按钮被按下
    {  $username=$_POST["textfield"];              //取用户名称文本域中的内容
       $password=$_POST["textfield2"];             //取登录密码文本域中的内容
       if($username=='user01' and $password=="1001")
       //判断用户名称及口令是否正确
           echo"<script language='javascript'>
                          window.location='sy6_3_1.php'</script>";
       else
           echo "<script language='javascript'>
                      alert('用户名或密码错误，请重新输入！')</script>";}?>
```

（5）保存文件内容：单击“文件”菜单→“保存”，在“另存为”对话框中输入文件名 SY6_3.php，单击“保存”按钮。

3. 查看程序的执行效果

单击“文档”工具栏中的“在浏览器中预览/调试”图标，选择“预览在 IExplore”项，在 IE 浏览器中查看页面执行效果。在登录页面中输入任意用户名称和用户密码，查看系统的提示信息，输入用户名 user01 及密码 1001，查看主页面打开的效果。

八、思考题

（1）在 PHP 代码中除了使用 JavaScript 代码实现打开其他页面外，还有哪些方法可以实现该功能？

（2）登录页面中若要设定 3 次登录限制，即用户输入的用户名或密码 3 次错误后即关闭页面，则程序需要做哪些修改？

（3）一个应用系统通常有多个注册用户，程序中该如何管理登录用户名及其密码？如何保障用户密码的安全？

6.4 多分支程序设计

一、实验目的

掌握 PHP 中多分支语句 switch 的用法，能够应用 switch 语句实现程序中的多分支判断。

二、实验任务

（1）设计程序 SY6_4.php，执行该文件时根据系统当前时间提示问候语，界面如图 6-6

所示。

user001 下午好!

图 6-6　多分支程序执行界面

(2) 问候语中时间的划分为早上(6 点到 8 点)、上午(8 点到 11 点)、中午(11 点到 13 点)、下午(13 点到 17 点)和晚上(17 点到第二日 6 点前)。

三、任务分析

问候语中根据系统时间的不同对应不同的提示信息,属于多种条件判断,可以使用多分支语句 switch 实现判断结果,也可以使用 if 语句的嵌套实现。简化问题,用户名使用固定名称 user001,程序中直接显示判断结果。

四、预备知识

1. if 语句实现多分支程序结构

在 PHP 中 if 语句的基本格式如下。

```
if(条件){ 语句组 1} else { 语句组 2}
```

若语句组 1 或语句组 2 仍为 if 语句,则构成 if 语句的嵌套,其可实现多分支结构判断。

2. switch 语句实现多分支程序结构

在 PHP 中 switch 语句的基本结构如下。

```
switch (变量或表达式)
{case 值 1 或表达式 1:
       语句组 1;
       [ break; ]
  case 值 2 或表达式 2:
       语句组 2;
       [ break; ]
  ⋮
  default:
       默认语句组;}
```

3. 获取当前系统时间

获取当前系统日期时间可以使用 PHP 函数 date(),通过参数设置可以分别获得不同格式的日期、时间值。使用函数 date("G")可获取当前系统时间中 24 小时制的小时值。

PHP 系统的默认时间格式为英国夏令时,要正确显示当前时间值还需要将时间格式设置为北京时间,其使用的函数及格式如下。

```
date_default_timezone_set("PRC");
```

五、技能点

(1) if 语句的嵌套。通过 if 语句的嵌套实现多分支程序结构。

(2) switch 语句。使用 switch 语句实现多分支程序结构。

(3) 获取系统时间。正确设置系统所在的时区,使用函数 date()获取系统日期时间。

六、注意事项

(1) 用 if 语句实现多分支,除了使用 if 语句的嵌套格式外,还可以使用 elseif 格式实现。

(2) switch 语句中的变量或表达式的类型通常为整型或字符型,case 后可以使用常量匹配 switch 后的数据类型,也可以直接使用表达式进行判断,每一组 case 语句之后通常使用 break 结束分支。

七、实验步骤

1. 创建 PHP 应用程序

(1) 在 Dreamweaver 中单击"文件"菜单→"新建"项,在"新建文档"对话框中选择"页面类型"为 PHP,单击"创建"按钮关闭"新建"对话框。

(2) 单击"文件"菜单→"保存",在"另存为"对话框中输入文件名 SY6_4.php,单击"保存"按钮。

2. 输入 PHP 程序代码

在代码视图中的标签<body>与</body>之间输入如下 PHP 代码。

```
<?PHP
  date_default_timezone_set("PRC");   //设置北京时区
  $user="user001";                    //给出固定用户名
    $a=date("G");                     //获取当前 24 小时制的小时值
    switch($a)                        // 多分支判断小时值,给出对应的问候区间
    { case $a>=6 and $a<8:
          $b="早上";break;
     case $a>=8 and $a<11:
          $b="上午";break;
     case $a>=11 and $a<13:
          $b="中午";break;
     case $a>=13 and $a<17:
          $b="下午";break;
```

```
    default:
      $b="晚上"; }
    echo $user." ".$b."好!"."<br>";   //显示判断结果
?>
```

3. 查看程序执行结果

单击"文件"菜单→"保存"项保存文件内容,单击"文档"工具栏中的"在浏览器中预览/调试"图标,选择"预览在 IExplore"项,在 IE 浏览器中查看页面的执行效果。

4. switch 语句中 case 后的常量值实现

以上 PHP 代码 switch 语句中的 case 分支使用了表达式进行判断,若用常量值表示,其多分支语句代码如下。

```
switch($a)
{   case 6: case 7:
        $b="早上";break;
    case 8: case 9: case 10:
        $b="上午";break;
    case 11: case 12:
        $b="中午";break;
    case 13: case 14: case 15: case 16:
        $b="下午";break;
    default:
        $b="晚上"; }
```

其用法为多路 case 共用同一组语句,需要完整写出每一组 case 值。

5. 用 if 语句实现多分支

用 if 语句的嵌套格式实现多分支,其多分支部分的程序代码如下。

```
if($a>=6 and $a<8)
    $b="早上";
else
    if($a>=8 and $a<11)
        $b="上午";
    else
        if($a>=11 and $a<13)
            $b="中午";
        else
            if($a>=13 and $a<17)
                $b="下午";
            else
                $b="晚上";
```

在 if 结构中每个判断后不需要 break 语句。如果 if 结构中的某个判断要执行多条语句,则需要将多条语句用一对花括号括起来构成复合语句。

八、思考题

(1) if 语句构成的多分支和 switch 语句相比，有哪些不同？
(2) 若将 if 语句构成的多分支改为 elseif 结构，该如何书写对应部分的程序代码？

6.5　循环程序设计

一、实验目的

掌握 PHP 中循环语句的基本功能，能够运用循环及循环的嵌套实现复杂控制过程。

二、实验任务

设计程序 SY6_5.php，将保存在数组中的应聘人员成绩信息用表格方式在页面中显示出来，运行效果如图 6-7 所示。

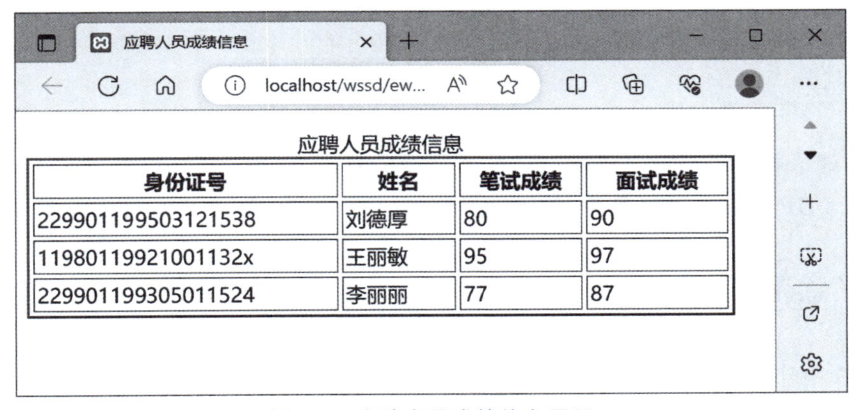

图 6-7　应聘人员成绩信息显示

三、任务分析

图 6-7 中使用了表格显示应聘人员信息，表格中表头部分内容固定，表体部分根据数组内容显示相关的数据，所以程序中先插入一个 1 行 4 列的表格，之后在单元格中输入表头部分内容，最后在代码视图中编写程序以实现表体内容的输出。表体部分程序采用标准的二层循环嵌套格式，外层循环控制行，内层循环控制列，输出内容为数组中对应的元素值。

四、预备知识

1. PHP 中的循环程序结构

循环结构有 while、do…while、for 及 foreach 4 种。for 循环的语句格式如下。

```
For(表达式 1;表达式 2;表达式 3) { 循环体语句 }
```

若循环体只包含一条语句,一对花括号可以省略。

2. 表格相关的标签

表格是网页中一个复杂的结构,需要多个 HTML 标签配合使用。其中<table>…</table>用于定义表格,<caption>…</caption>用于定义表格的标题信息,<tr>…</tr>用于定义表格中的一行,<th>…</th>用于定义一个表头单元格,<td>…</td>用于定义一个普通的数据单元格。

3. count()函数统计数组中元素的个数

对于二维数组$sz,count[$sz]可以获得数组$sz 拥有的总行数,count[$sz[$m]]可以获取数组第$m 行的元素个数,即数组$sz 第$m 行拥有的列数。

五、技能点

(1) **创建表格:** 在网页中插入表格并设计表格内容。

(2) **在 PHP 中使用循环程序结构:** 使用多种循环结构实现程序控制。

六、注意事项

(1) for 循环的表达式 1 通常用来为循环控制变量赋初值,表达式 2 通常为循环的判断条件,表达式 3 为循环变量改变值,程序中可以根据需要省略部分或全部表达式。

(2) 使用函数 echo 输出多项内容时,可以选择使用逗号分隔,也可以使用字符串连接运算符(.)将要输出的内容连接成一个字符串输出。当字符串连接运算符连接的内容是数值常量时,需要在数值前后分别输入空格分隔数据。

(3) 插入表格时给出表格行数、列数及表格宽度。对于一个多列表格,系统通常会按照表格中内容的长短自动调整每列的宽度。

七、实验步骤

1. 创建 PHP 应用程序

(1) 在 Dreamweaver 中单击"文件"菜单→"新建"项,在"新建文档"对话框中选择页面类型为 PHP，单击“创建”按钮。

（2）在代码视图中将标签<title>与</title>之间的内容修改为“应聘人员成绩信息”，单击“文件”菜单→“保存”，在“另存为”对话框中输入文件名 SY6_5.php，单击“保存”按钮。

2. 插入表格标题及表格表头

单击文档工具栏中的设计视图图标，单击“插入”菜单→“表格”，在图 6-8 所示的“表格”对话框中的“表格大小”区域分别输入行数 1、列数 4、表格宽度 548、边框粗细 2、单元格边距 2、单元格间距 3，单击选择标题区域为“顶部”，在辅助功能区域中的标题后输入“应聘人员成绩信息”，单击“确定”按钮创建表格。

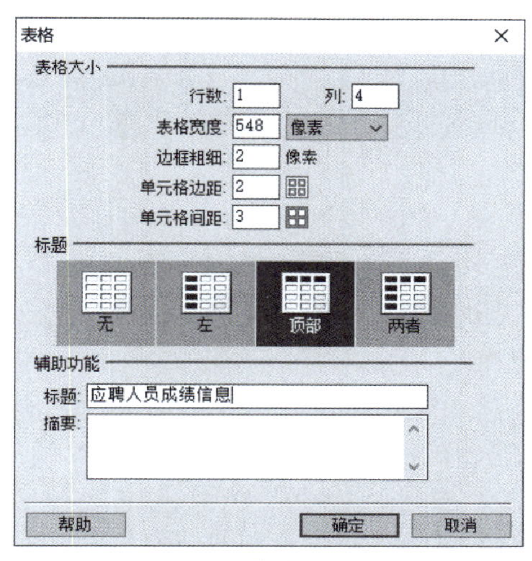

图 6-8 “表格”对话框

单击设计视图中表格的第一个单元格，输入文字“身份证号”，之后逐个单击其后的每个单元格，分别输入“姓名”“笔试成绩”“面试成绩”，拖动单元格边界适当调整各单元格的大小。

3. 使用 PHP 代码生成表格的表体部分

单击“文档”工具栏中的代码视图图标，在标签</tr>和</table>之间输入如下代码。

```
<?php
    $sz=array( array("229901199503121538","刘德厚",80,90),
               array("119801199210011132x","王丽敏",95,97),
               array("229901199305011524","李丽丽",77,87) );    //定义数组
    for($m=0;$m<count($sz);$m++)                  //计算二维数组的行数,$m 变量控制行
    {
        echo "<tr>";                              //行标签,$m 行开始
        for($n=0;$n<count($sz[$m]);$n++)          //计算$m 行元素个数,循环访问每一列
            echo "<td>".$sz[$m][$n]."</td>";      //单元格方式显示数组元素
        echo "</tr>";                             //行结束标签,$m 行结束
    }
?>
```

4. 查看程序执行效果

单击“文件”菜单→“保存”项保存文件,单击“文档”工具栏中的“在浏览器中预览/调试”图标,选择“预览在IExplore”项,在IE浏览器中查看页面执行效果。

八、思考题

(1) 若将程序中的for循环改为do…while循环或while循环,应该如何修改程序?

(2) 能否将程序中的循环改为foreach循环?

6.6 数组应用

一、实验目的

了解数组的基本概念,掌握PHP中数组的定义、赋值及引用方法,能够熟练应用与数组相关的函数以实现数组操作。

二、实验任务

(1) 程序中定义一维数组$gsmc,将工商前进支行、腾飞总公司、医大一院、食府快餐店、阳光物业管理公司、高等教育出版社6个公司名称保存到该数组中。

(2) 页面中设计2列表格,通过循环结构将数组元素输出到表格中,如图6-9所示。

(3) 在表格下方设计表单,通过文本域输入公司名称,单击“查找”按钮后在数组中查找所输入的公司名称,根据查找结果提示找到或未找到。

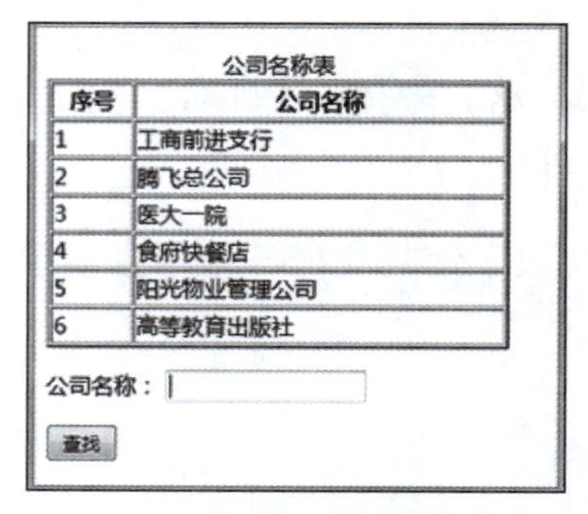

图6-9 数组查询应用界面

三、任务分析

可以使用array()函数在PHP程序中创建数组,数组元素作为函数参数直接给出。页面中的表格通过Dreamweaver中的“插入”菜单→“表格”实现,表格中的表体部分使用循环结构逐行生成。表单中添加控件文本域及按钮,查找输入的公司名称是否在数组中。这可以通过使用函数in_array()实现,查找结果直接显示在界面中。

四、预备知识

1. foreach 循环结构操作数组

foreach 循环结构是仅应用于数组的循环结构，用于遍历数组中的每个元素，其使用格式如下。

```
foreach(数组名 as 变量名)
{  语句组；  }
```

foreach 循环结构遍历数组时，每次将一个数组元素值保存在给定的变量名中，语句组中通过变量名实现数组的遍历要求。

2. in_array()函数实现数组元素的查找

in_array()函数用来实现数组元素的查找，其使用格式如下。

```
in_array(要查找的内容,数组名)；
```

若要查找的内容在数组中，函数返回 True，否则返回 False。

五、技能点

(1) 数组的创建。能够在 PHP 中创建数组并赋值数组元素。

(2) foreach 循环结构遍历数组。程序中使用循环结构访问数组中的每个元素。

(3) in_array()函数查找数组元素。在数组中查找给定的值。

六、注意事项

(1) 在页面中插入表格后，在设计视图中单击表格中的任意单元格，系统默认设置环境中的表格下方会显示表格宽度，拖动表格边框线可以调整单元格或表格的大小。若单击表格中任意单元格后表格下方不显示宽度线，则只需要右击表格中的任意单元格，选择“表格”菜单→“表格宽度”项，即可显示表格宽度线。

(2) 数组可以定义为索引数组，也可以定义为关联数组。若数组 a 中的每个元素都是一个数组，则数组 a 就构成了多维数组。二维数组通常用来保存表格形式的数据。

七、实验步骤

1. 创建 PHP 应用程序

(1) 在 Dreamweaver 中单击“文件”菜单→“新建”项，在“新建文档”对话框中选择“页面类型”为 PHP，单击“创建”按钮。

(2) 在“代码”视图中将标签<title>与</title>之间的内容修改为“公司查询”，单击“文件”

菜单→"保存",在"另存为"对话框中输入文件名 SY6_6.php,单击"保存"按钮。

2. 插入表格标题及表格表头

(1) 单击"文档"工具栏中的设计视图图标,单击"插入"菜单→"表格",在图6-8所示的"表格"对话框中的"表格大小"区域分别输入行数1、列数2、表格宽度330、边框粗细2、单元格边距1、单元格间距1,单击选择"标题"区域为"顶部",在"辅助功能"区域中的"标题"后输入"公司名称表",单击"确定"按钮创建表格。

(2) 单击拖动表格第一个单元格的右边界线,将第一个单元格的宽度调整为55。

3. 使用PHP代码生成表格的表体部分

单击"文档"工具栏中的代码视图,在标签</tr>和</table>之间输入如下代码。

```
<?php
    $gsmc=array("工商前进支行","腾飞总公司","医大一院","食府快餐店",
              "阳光物业管理公司","高等教育出版社");   //定义数组并赋值数组元素
    $i=1;                                          //定义表中的序号变量
    foreach($gsmc as $gs)                    //foreach 循环结构,访问数组中的每个元素
    {   echo "<tr><td>".$i."</td>";          //生成序号单元格
        echo "<td>$gs</td></tr>";           //生成公司名称单元格
        $i++;                                //序号变量增 1
    }
?>
```

4. 插入表单及表单控件

(1) 单击"文档"工具栏中的设计视图图标,单击"插入"菜单→"表单"→"表单"项,在给出的表单界面中按Enter键增加新行。

(2) 单击"插入"菜单→"表单"→"文本域"项,在"输入标签辅助功能属性"对话框中的"标签"后输入"公司名称:",单击"确定"按钮。

(3) 光标定位于文本域后按Enter键,单击"插入"菜单→"表单"→"按钮",单击"确定"按钮,单击表单中的按钮,将"属性"面板中的"值"属性修改为"查找"。

5. 为按钮编写代码

单击"文档"工具栏中的代码视图图标,在标签</form>与</body>之间输入如下代码。

```
<?php
    if(isset($_POST["button"]))      //判断按钮按下
    {   $gs=$_POST["textfield"];     //提取文本域中的内容
        if(in_array($gs,$gsmc))      //在数组$gsmc 中找到输入的公司名
            echo "所查询的公司有招聘信息!"."<br>";
        else                         //在数组$gsmc 中未找到输入的公司名
            echo "所查询的公司没有招聘信息!!"."<br>";
    }
?>
```

6. 查看程序执行效果

单击“文件”菜单→“保存”项保存文件，单击“文档”工具栏中的“在浏览器中预览/调试”图标，选择“预览在 IExplore”项，在 IE 浏览器中查看页面执行效果。

八、思考题

(1) 程序中若不用 foreach 循环结构遍历数组元素，改为使用 for 循环结构或 while 循环结构，该如何修改程序？

(2) 程序中若不用 in_array()函数查找给定的内容是否在数组中，还可以使用哪些方法完成查找功能？

6.7　自定义函数应用

一、实验目的

掌握自定义函数的定义方法，能够应用自定义函数实现程序功能。

二、实验任务

(1) 设计自定义函数 echo123()，调用该函数可以按指定的字体、字号和颜色显示给定的文字内容，函数格式如下。

```
echo123($str,$fontname,$size,$color);
```

函数调用中若不指定字体，则输出文字为宋体；若不指定字号，则输出文字字号为 20；若不指定颜色，则输出文字为黑色。

(2) 在页面中调用自定义函数 echo123()分别按华文隶书 52 号字红色、华文隶书 35 号字绿色、楷书 26 号字、楷书及不指定字体字号颜色显示文字“人才招聘信息管理系统”，结果如图 6-10 所示。

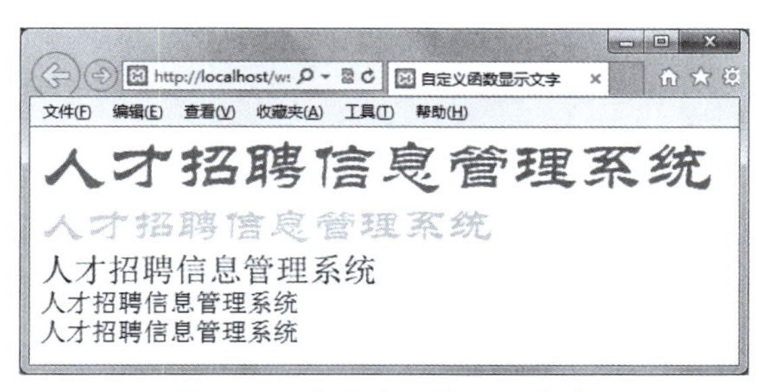

图 6-10　自定义函数显示文字

三、任务分析

自定义函数通常用来实现程序中的特定运算。设计函数按给定格式输出文字,函数不需要返回值,输出的文字、字体、字号和颜色4项内容可以依次作为函数参数。不给出某参数时函数自动指定参数的值,这在函数定义中称为参数的默认值,其可以在函数参数中通过赋值运算给出。函数体中使用div元素完成字体、字号和颜色的设置,文字输出直接使用echo函数实现。

四、预备知识

1. 函数的定义格式

自定义函数的基本格式如下:

```
function 函数名(函数参数列表)
{     语句组;     }
```

若函数有多个参数,参数之间用逗号分隔。函数若有返回值,则使用return语句返回函数结果。

2. 自定义函数的调用

自定义函数的调用与系统函数相同,其格式如下。

```
函数名(实参列表);
```

自定义函数可以按函数语句调用,若函数有返回值,同样可以出现在表达式中。

3. 函数的默认参数

在调用函数时可以省略某些参数,函数规定省略的参数按默认值处理。可以使用默认值的参数在定义函数时用赋值运算给定默认值,echo123()函数的默认值设置如下。

```
echo123($str,$fontname="宋体",$size=20,$color="#000000")
```

若函数定义中有多个具有默认值的参数,则调用函数时使用默认值必须从右侧参数开始且连续,否则系统提示错误。

4. div 元素

div标签是HTML中用于实现网页布局的标签,div元素即指div的起始标签、结束标签及二者之间所包含的内容,通常用于实现元素内容的精确定位和样式的统一规划。

使用div元素定义字体、字号和文字颜色,其格式如下。

```
<div style="font-family:字体;font-size:字号 px; color:颜色">
    要输出的文字</div>
```

其中颜色可以使用#RRGGBB、rgb(r,g,b)或颜色名称表示。

五、技能点

（1）自定义函数。掌握 PHP 中自定义函数的定义及调用方法。

（2）函数参数的默认值。掌握 PHP 中自定义函数参数设置默认值的方法。

六、注意事项

（1）自定义函数名称不能与系统函数名重名，通常自定义函数名应该简洁、见名知意。

（2）在函数体内字符串中出现函数参数时，可以使用一对花括号将函数参数括起来，其格式即为取参数的值。

七、实验步骤

1. 创建 PHP 应用程序

（1）在 Dreamweaver 中单击“文件”菜单→“新建”项，在“新建文档”对话框中选择“页面类型”为 PHP，单击“创建”按钮。

（2）在代码视图中将标签<title>与</title>之间的内容修改为“自定义函数显示文字”，单击“文件”菜单→“保存”，在“另存为”对话框中输入文件名 SY6_7.php，单击“保存”按钮。

2. 设计自定义函数 echo123()并调用其显示文字

在代码视图中标签<body>与</body>之间输入如下程序代码。

```
<?php
    //定义函数 echo123()，其有 4 个参数，无返回值
    function echo123($str,$fontname="宋体",$size=20,$color="#000000")
    {   $style =" font - family: {$fontname}; font - size: {$size} px; color:
        {$color}";
        echo "<div align='left' style='{$style}'>{$str}</div>\n";}

    //以下语句分别调用自定义函数显示文字，部分参数使用默认值
    echo123("人才招聘信息管理系统","华文隶书","52","#FF0000");
    echo123("人才招聘信息管理系统","华文隶书",35,"#00FF00");
    echo123("人才招聘信息管理系统","楷书",26);
    echo123("人才招聘信息管理系统","楷书");
    echo123("人才招聘信息管理系统");
?>
```

3. 查看程序执行效果

单击“文件”菜单→“保存”项保存文件，单击“文档”工具栏中的“在浏览器中预览/调试”图标，选择“预览在 IExplore”项，在 IE 浏览器中查看页面执行效果。右击“浏览”页面→“查看源”项，得到的结果如下。

```
<!DOCTYPE html PUBLIC "-//W3C//DTD XHTML 1.0 Transitional//EN"
        "http://www.w3.org/TR/xhtml1/DTD/xhtml1-transitional.dtd">
<html xmlns="http://www.w3.org/1999/xhtml">
<head><meta http-equiv="Content-Type" content="text/html; charset=utf-8" />
<title>自定义函数显示文字</title></head>
<body>
    <div align='left' style='font-family:华文隶书; font-size:52px;
                    color:#FF0000'>人才招聘信息管理系统</div>
    <div align='left' style='font-family:华文隶书; font-size:35px;
                    color:#00FF00'>人才招聘信息管理系统</div>
    <div align='left' style='font-family:楷书; font-size:26px;
                    color:#000000'>人才招聘信息管理系统</div>
    <div align='left' style='font-family:楷书; font-size:20px;
                    color:#000000'>人才招聘信息管理系统</div>
    <div align='left' style='font-family:宋体; font-size:20px;
                    color:#000000'>人才招聘信息管理系统</div>
</body></html>
```

八、思考题

(1) PHP支持按值传递参数、通过引用传递参数以及默认参数,在函数的定义中如何区分这几种方式?其使用上有哪些差别?

(2) 若自定义函数调用后需要返回多个值,这样的函数功能如何实现?

第 7 单元　动态网页程序设计

动态网页主要解决通过浏览器访问数据库的问题，通常需要运行程序来访问数据库。在运行程序访问数据库之前，需要连接数据库服务器和选择数据库。

7.1　连接 MySQL 数据库

一、实验目的

学习 PHP 程序连接 MySQL 数据库及设置字符集的方法，掌握访问数据库的接口程序设计技能。

二、实验任务

在 Dreamweaver 中创建 MySQL 数据库服务器的连接。其中“连接名称”为 link，“MySQL 服务器”为 localhost，“用户名”为 root，“密码”为空，“数据库”设置为 rczp。

三、任务分析

在网页中访问 MySQL 数据库，需要创建网页到数据库服务器的连接，之后才能访问数据库中的资源。通过可视化操作方法，能够快速创建数据库服务器的连接。

四、预备知识

（1）创建 MySQL 连接：单击数据库面板中的“+”→“MySQL 连接”选项，在“MySQL 连接”对话框中创建 MySQL 数据库服务器连接。

（2）创建 MySQL 数据库连接后，在站点文件夹中会自动创建 Connections 文件夹，其中包含一个与连接名称相同的连接配置文件，如图 7-1 所示。

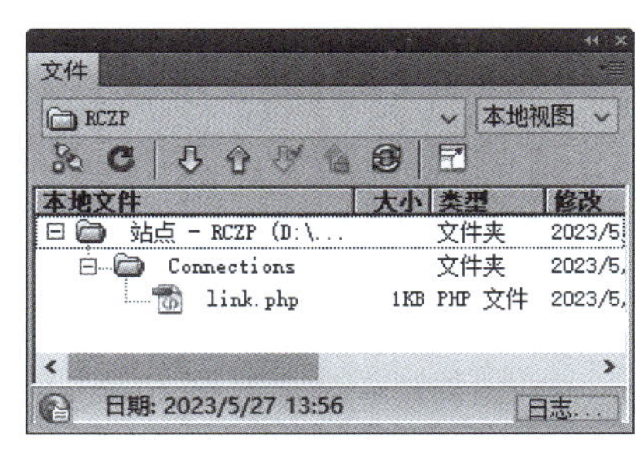

图 7-1　连接配置文件

五、技能点

(1) 建立数据库服务器的连接。在“数据库”面板中完成。

(2) 向 MySQL 数据库服务器发送 SQL 语句。用 MySQL_Query 函数实现。

(3) 选择当前数据库。用 MySQL_Select_DB 函数选择当前数据库。

(4) 设置统一的字符集。用 Set Names 语句设置统一的字符集。

六、注意事项

(1) 创建数据库服务器连接时,需要“测试”成功后再单击“确定”按钮。

(2) 创建了数据库连接后,所连接的数据库并不会成为当前数据库,可以对连接文件进行修改,利用 MySQL_Select_DB 函数选择当前数据库。

(3) 为了保证客户端与服务器端能正常传输包含汉字的数据和 SQL 语句,在选择数据库后、发送 SQL 语句前,需要发送 Set Names 语句对字符集进行统一设置。

(4) 在设计数据库服务器连接程序之前,应该正确配置当前站点及其服务器。

七、设计步骤

1. 创建站点 RCZP

(1) 启动 Dreamweaver,在弹出的窗口中选择“新建”列中的“Dreamweaver 站点”,如图 7-2 所示,在弹出的“站点设置对象”对话框中,设置“站点名称”为 RCZP,“本地站点文件夹”为 D:\rczplocal\。

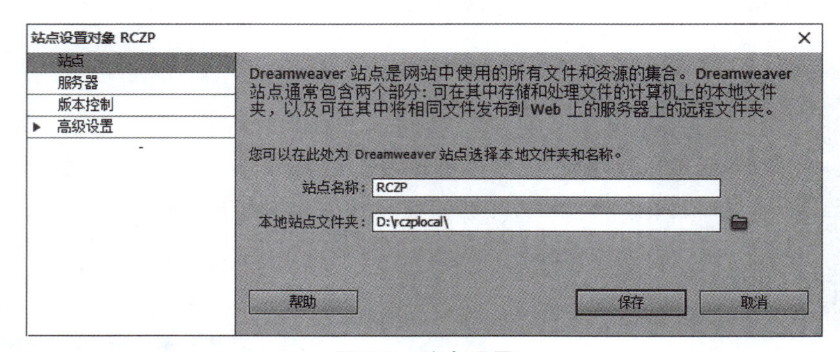

图 7-2 站点设置

(2) 单击对话框左侧导航栏中的“服务器”,单击右侧表格左下角的“+”按钮,在图 7-3 所示的对话框中,设置“服务器名称”为 MyServer,“连接方法”为“本地/网络”,“服务器文件夹”为 C:\xampp\htdocs\rczpweb,“Web URL”为 http://localhost/rczpweb/。单击“保存”按钮,返回上级对话框后,在表格第一行右侧勾选“测试”复选框,效果如图 7-4 所示,单击“保存”按钮。

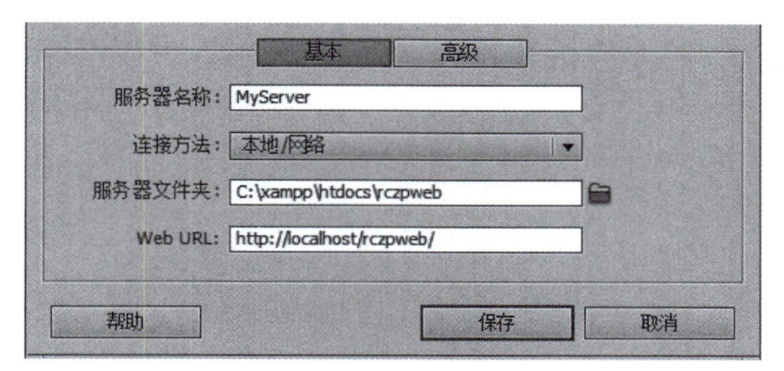

图 7-3　站点服务器设置

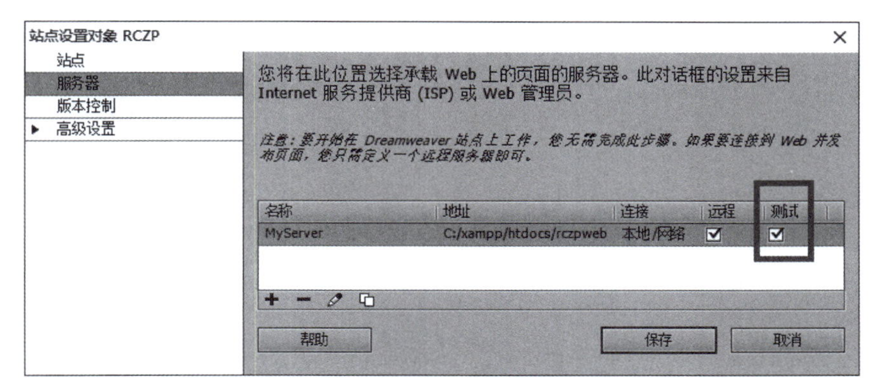

图 7-4　设置测试服务器

2. 新建 PHP 文件

(1) 单击“文件”菜单项→“新建”，在图 7-5 所示的对话框中，选择“空白页”，“页面类型”为 PHP，“布局”为“<无>”，“文档类型”为 HTML 5，单击“创建”按钮。

(2) 单击“文件”菜单项→“保存”，“文件名”输入 index.php，单击“保存”按钮。

3. 创建数据库服务器连接

单击“数据库”面板的“＋”→“MySQL 连接”选项，在“MySQL 连接”对话框中，设置“连接名称”为 link，“MySQL 服务器”为 localhost，“用户名”为 root，“密码”为空，“数据库”选取 rczp，如图 7-6 所示。单击“测试”按钮，显示“成功创建连接脚本”后，单击“确定”按钮，返回“MySQL 连接”对话框中，再单击右侧“确定”按钮。

4. 设置当前数据库和字符集

打开文件面板，在站点 RCZP 的本地视图下，单击文件夹 Connections 的“＋”，双击打开文件 link.php。单击“文档”工具栏上的“代码”按钮，在最后一行代码“?>”的前面输入如下代码。

```
MySQL_Select_DB("rczp");                    // 选择当前数据库为 wssd
MySQL_Query( "Set Names 'utf-8'" );         // 将字符集设置为 utf-8
```

输入后的效果如图 7-7 所示，关闭并保存当前文件 link.php。

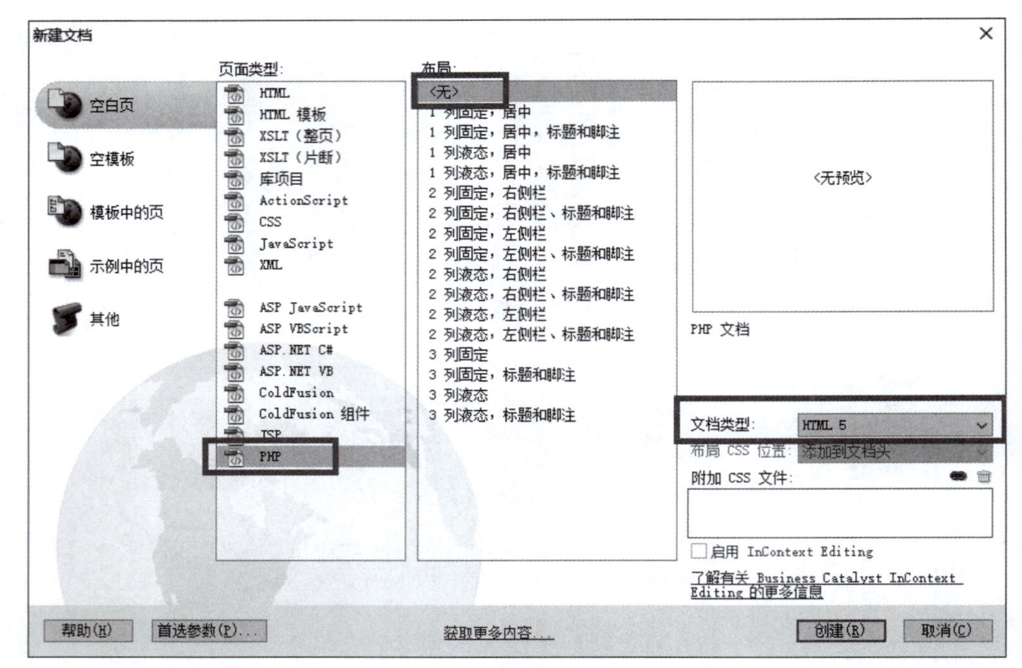

图 7-5 新建 PHP 文件

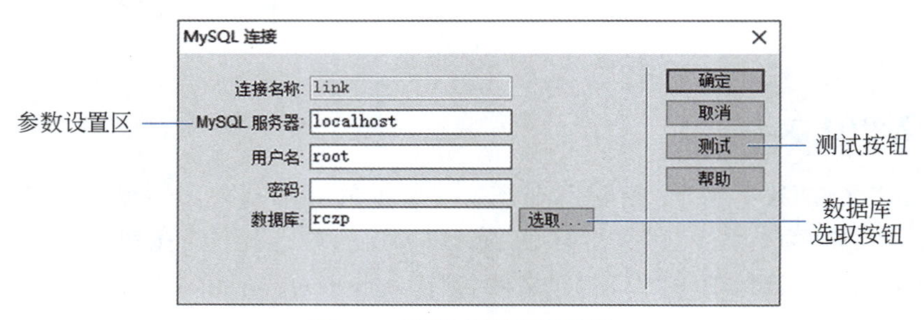

图 7-6 数据库服务器连接

```
1  <?php
2  # FileName="Connection_php_mysql.htm"
3  # Type="MYSQL"
4  # HTTP="true"
5  $hostname_link = "localhost";
6  $database_link = "rczp";
7  $username_link = "root";
8  $password_link = "";
9  $link = mysql_pconnect($hostname_link, $username_link, $password_link)
10         or trigger_error(mysql_error(),E_USER_ERROR);
11 MySQL_Select_DB("rczp");    //选择当前数据库为rczp
12 MySQL_Query("Set Names 'utf-8'");   //将字符集设置为utf-8
13 ?>
```

图 7-7 设置当前数据库和字符集

八、思考题

如果没有在连接文件中添加语句"MySQL_Query("Set Names 'utf-8'");",将会产生什么问题?可以使用什么方法解决这个问题?

7.2　浏览公司信息网页设计

一、实验目的

掌握 Dreamweaver 可视化操作界面的使用方法，利用记录集绑定获取数据库中的内容，并插入动态数据将记录集结果显示在网页中。

二、实验任务

设计图 7-8 所示的“招聘公司信息”浏览网页 gsxx.php。

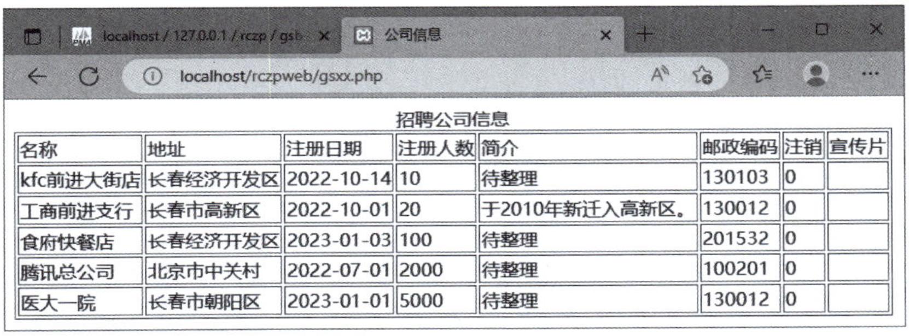

招聘公司信息

名称	地址	注册日期	注册人数	简介	邮政编码	注销	宣传片
kfc前进大街店	长春经济开发区	2022-10-14	10	待整理	130103	0	
工商前进支行	长春市高新区	2022-10-01	20	于2010年新迁入高新区。	130012	0	
食府快餐店	长春经济开发区	2023-01-03	100	待整理	201532	0	
腾讯总公司	北京市中关村	2022-07-01	2000	待整理	100201	0	
医大一院	长春市朝阳区	2023-01-01	5000	待整理	130012	0	

图 7-8　“招聘公司信息”浏览网页

三、任务分析

本节的任务是新建网页 gsxx.php。首先绑定记录集，获取 gsb 表中的全部记录，再利用动态表格将记录集的内容显示在网页中。

四、预备知识

(1) **绑定记录集**。单击绑定面板中的“＋”→“记录集(查询)”选项，进入“记录集”对话框，创建记录集(对数据库表查询后的结果集)。

(2) **插入动态表格**。单击“插入”→“数据对象”→“动态数据”→“动态表格”，可以简单快捷地将记录集的内容以表格形式显示在网页中。

五、注意事项

(1) 在访问数据库服务器前，应将服务器端字符集设置为 utf-8，以保证在 Dreamweaver 访问数据库时，能够正常显示中文信息。

(2) 在绑定记录集时,需要记住记录集的名称,后续操作记录集要使用此名称。

六、设计步骤

设计显示公司信息网页的操作步骤如下。

(1) **新建文档**。在 Dreamweaver 中,单击"文件"菜单→"新建"选项,选择"空白页","页面类型"为 PHP,"布局"为"无","文档类型"为 HTML 5,单击"创建"按钮。

(2) **保存文件**。单击"文件"菜单→"保存"选项,输入文件名 gsxx.php,单击"保存"按钮。

(3) **修改网页标题**。切换到设计视图,如图 7-9 所示,在文档工具栏的"标题"文本框内输入"公司信息"。

图 7-9 文档工具栏

(4) **绑定记录集**。在"绑定"面板中,单击"+"→"记录集(查询)"选项,在"记录集"对话框中(如图 7-10 所示),输入"名称"为 gsrs,选择"连接"为 link,"表格"为 gsb,"列"选择"选定的",按住 Ctrl 键,单击除了用户账号和密码之外的所有列名,单击"确定"按钮。

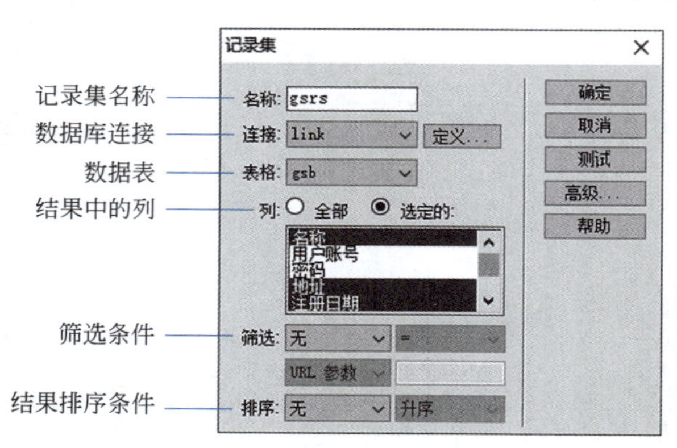

图 7-10 绑定"记录集"对话框

(5) **在页面中显示记录集**。单击"插入"菜单→"数据对象"→"动态数据"→"动态表格"选项,在"动态表格"对话框中,选择"记录集"为 gsrs,"显示"选择所有记录,"边框"设置为 1,单击"确定"按钮。

(6) **设置表格标题**。切换到代码视图,找到代码"<table border="1">",在此行之后插入新代码:<caption>招聘公司信息</caption>,结果如图 7-11 所示。

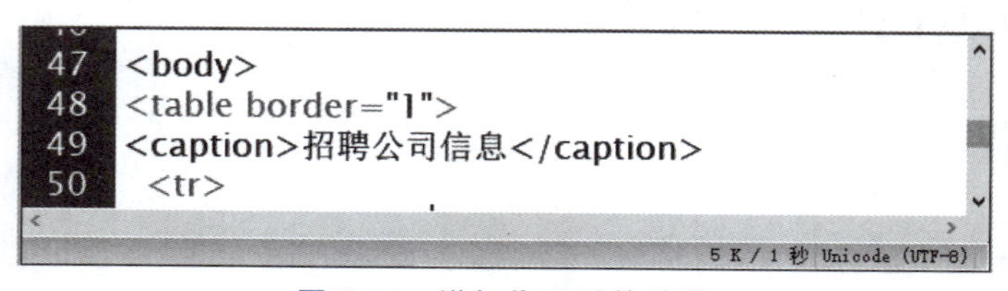
```
47  <body>
48  <table border="1">
49  <caption>招聘公司信息</caption>
50    <tr>
```


图 7-11 增加代码后的效果

（7）预览网页。单击“文件”菜单→“保存”选项，按 F12 键预览，查看效果后关闭文件。

七、思考题

如何编写 PHP 代码，将记录集中的内容全部显示在表格中？

7.3　岗位信息搜索页面设计

一、实验目的

设计人才招聘网站的招聘岗位搜索页面，利用表单发送数据，通过记录集的绑定并配合程序编写，实现岗位搜索功能。

二、实验任务

（1）设计岗位信息搜索网页 gwss.php，网页标题为搜索岗位信息。在页面中利用表单及其控件设置搜索条件，包括职位和最低年薪的要求。单击搜索按钮利用设置的条件搜索岗位，页面效果如图 7-12 所示。

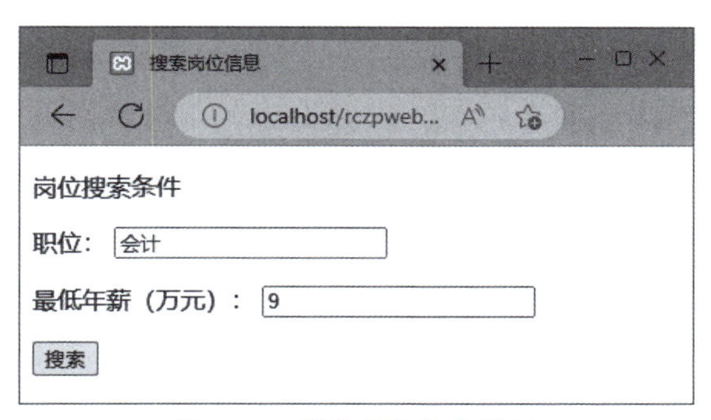

图 7-12　岗位信息搜索网页

（2）设计搜索信息处理网页 gwss.act.php，利用接收到的搜索条件创建记录集，再通过表格将搜索到的岗位信息显示在页面中，效果如图 7-13 所示。

岗位信息搜索结果

岗位编号	岗位名称	最低学历	最低学位	人数	年龄上限	年薪	笔试成绩比例	笔试日期	聘任要求	公司名称
A0002	银行柜员	2	1	5	30	10	70	2023-01-15	计算机二级，笔试：金融+会计学	工商前进支行
A0004	会计	3	3	3	50	10	60	2023-05-10	笔试经济学+金融	工商前进支行

图 7-13　搜索结果显示

三、任务分析

任务1 在网页中设计一个表单,利用表单控件设置岗位搜索条件。

任务2 利用接收的搜索条件形成一条 Select 语句,利用该语句搜索岗位得到记录集,并将记录集以表格的形式显示到页面中。

四、预备知识

记录集绑定的"高级"对话框。在"绑定"面板中单击"+"→"记录集查询"选项,在弹出的"记录集"对话框中,单击右侧"高级..."按钮,切换到"高级"对话框后可以设计复杂 Select 语句以实现任意查询。

五、技能点

表单控件设置初始值。在表单中插入文本域后,可在其"属性"面板中设置初始值,作为默认查询条件。

六、注意事项

在使用$_POST 数组构造 Select 语句时,要利用字符串连接运算符构造语句字符串,构造过程中注意在语句各部分之间添加适当的空格。

七、设计步骤

1. 设计岗位搜索页面

(1) **新建网页**。在 Dreamweaver 中,单击"文件"菜单→"新建"选项,选择"空白页","页面类型"为 PHP,"布局"为"无","文档类型"为 HTML 5,单击"创建"按钮。

(2) **保存文件**。单击"文件"菜单→"保存"选项,输入文件名 gwss.php,单击"保存"按钮。

(3) **修改网页标题**。切换到设计视图,在"文档"工具栏的"标题"文本框内输入搜索岗位信息。

(4) **设计表单**。在网页中输入"岗位信息搜索",按 Enter 键换行。单击"插入"菜单项→"表单"→"表单"选项,选中表单,在"属性"面板中设置"动作"为 gwss.act.php,如图 7-14 所示。

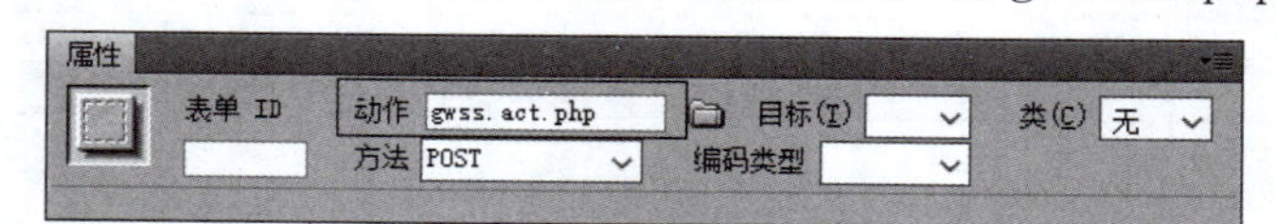

图 7-14 表单属性设置

（5）插入表单控件。将鼠标光标插入表单的红色虚线框中，单击“插入”菜单项→“表单”→“文本域”选项，设置“标签”为“职位：”，单击“确定”按钮。单击选中此文本域，在图 7-15 所示的“属性”面板中，在“文本域”文本框中输入 job。

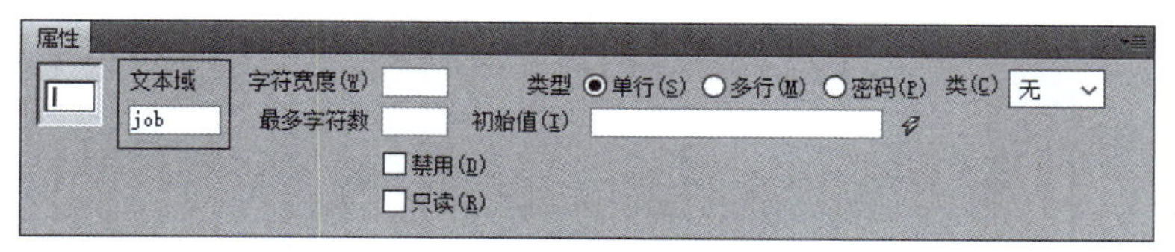

图 7-15　文本域属性设置

（6）按 Enter 键换行，在新的一行上，单击“插入”菜单项→“表单”→“文本域”选项，设置“标签”为“最低年薪(万元)：”，单击“确定”按钮。单击选中此文本域，在“属性”面板中，在“文本域”文本框中输入 money，在“初始值”文本框中输入 0。

（7）按 Enter 键换行，在新的一行上，单击“插入”菜单项→“表单”→“按钮”选项，直接单击“确定”按钮。单击选中此按钮，在“属性”面板中，在“按钮名称”文本框中输入 submit，在“值”文本框中输入搜索。此时网页在设计视图下的效果如图 7-16 所示。

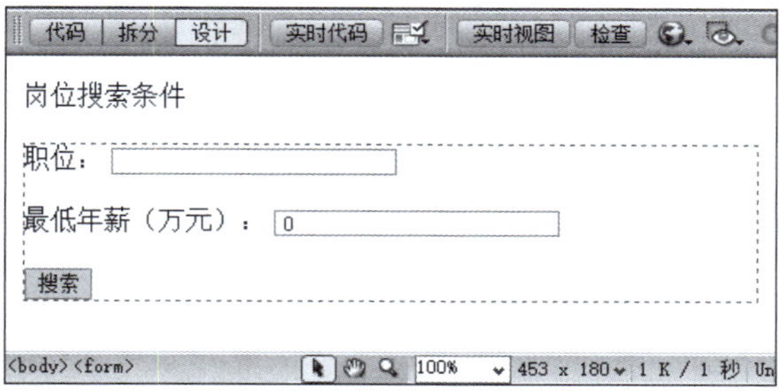

图 7-16　网页设计视图下的效果

（8）预览文档。单击“文件”菜单→“保存”选项，按 F12 键预览页面效果。

2. 设计搜索信息处理网页

（1）新建网页。在 Dreamweaver 中，单击“文件”菜单→“新建”选项，选择“空白页”，“页面类型”为 PHP，“布局”为“无”，“文档类型”为 HTML 5，单击“创建”按钮。

（2）保存文件。单击“文件”菜单→“保存”选项，输入文件名 gwss.act.php，单击“保存”按钮。

（3）修改网页标题。切换到设计视图，在“文档”工具栏的“标题”文本框内输入“岗位信息搜索结果”。

（4）绑定记录集。在“绑定”面板中，单击“+”→“记录集(查询)”选项，在“记录集”对话框中，单击右侧“高级...”按钮，在图 7-17 所示的对话框中，输入“名称”为 gwrs，选择“连接”为 link，在 SQL 文本框中输入以下代码，单击“确定”按钮。

```
select * from gwb where 岗位名称 like '%" . $_POST["job"] .
"%'or 聘任要求 like '%" . $_POST["job"] . "%' or 公司名称 like '%" .
$_POST["job"] . "%' and 年薪>=" . $_POST["money"] .
" order by 年薪 desc
```

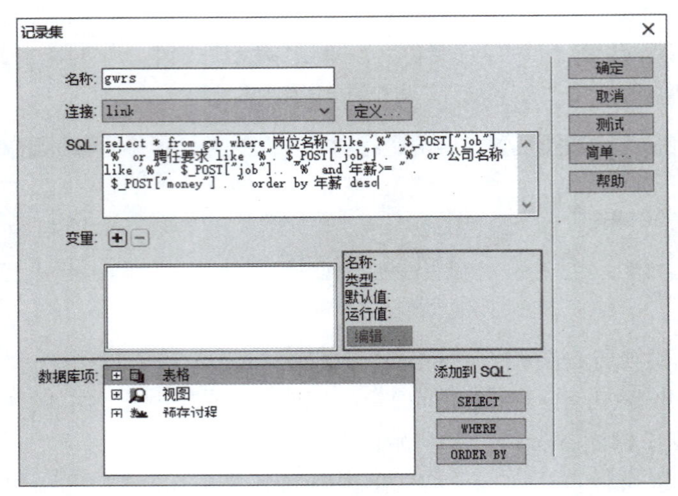

图 7-17　在记录集"高级"对话框中设置 Select 语句

(5) **在页面中显示记录集**。单击"插入"菜单→"数据对象"→"动态数据"→"动态表格"选项,在"动态表格"对话框中,选择"记录集"为 gwrs,"显示"选择所有记录,"边框"设置为 1,单击"确定"按钮。

(6) **设置表格标题**。切换到代码视图,找到代码"<table border="1">",在此行之后插入代码:<caption>岗位信息搜索结果</caption>,如图 7-18 所示。

(7) **保存上传文档**。按 Ctrl+S 组合键保存文档,如图 7-19 所示。在"文件"面板中,选中文件 gwss.act.php,单击"上传"按钮。

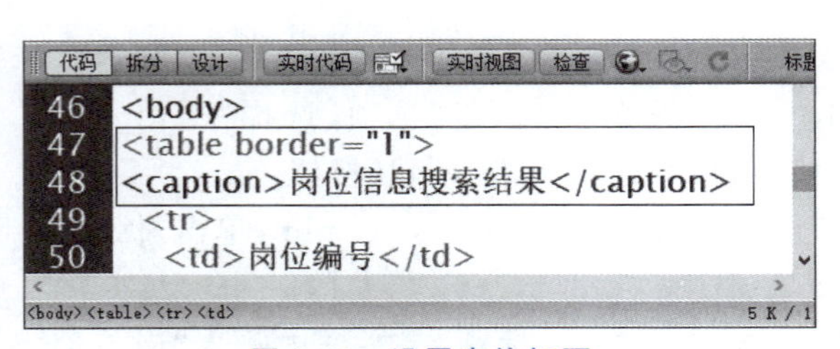

图 7-18　设置表格标题

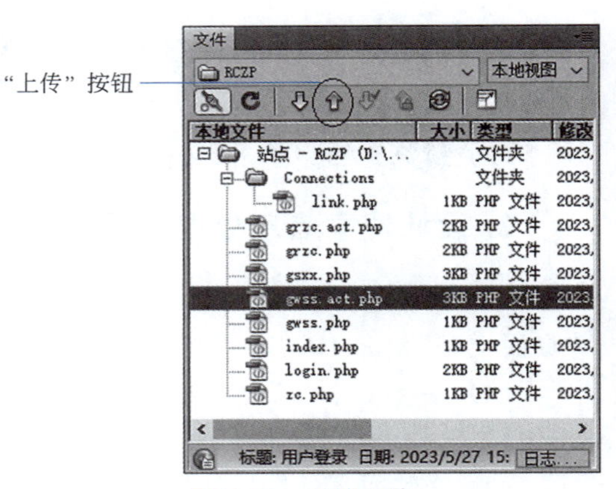

图 7-19　文档上传

(8) **预览文档**。打开网页 gwss.php,按 F12 键预览,输入搜索条件,单击"搜索"按钮,查看搜索结果。

八、思考题

(1) 在 Dreamweaver 中如何绑定复杂的记录集?

(2) 如何将多个搜索结果显示到网页中?

7.4　用户登录/注册的网页设计

一、实验目的

以 Dreamweaver 为开发工具，学习在可视化设计环境中利用 HTML 表单接收用户输入数据的方法，并且设计 PHP 程序处理接收的表单数据。

二、实验任务

（1）设计图 7-20 所示的用户登录网页文件 login.php，保存在站点文件夹中。

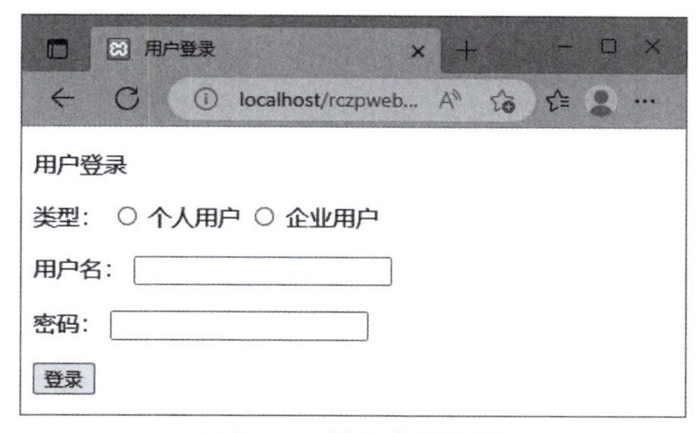

图 7-20　用户登录网页

（2）在网页 login.php 中设计登录信息处理程序，实现不同类型用户的登录功能。

（3）设计图 7-21 所示的会员注册网页 zc.php 和个人会员注册网页 grzc.php，以及个人会员注册信息处理程序 grzc.act.php。

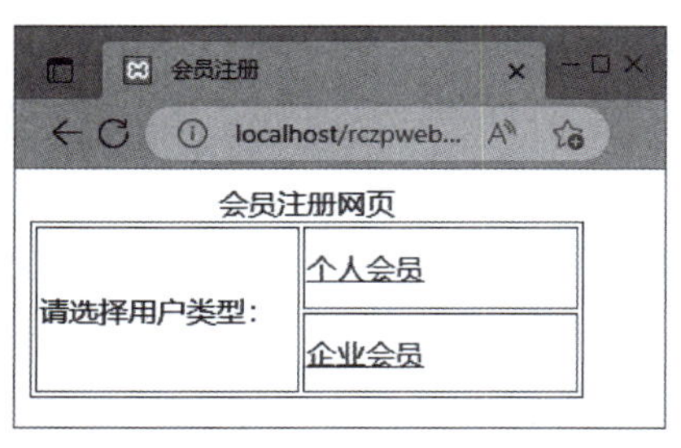

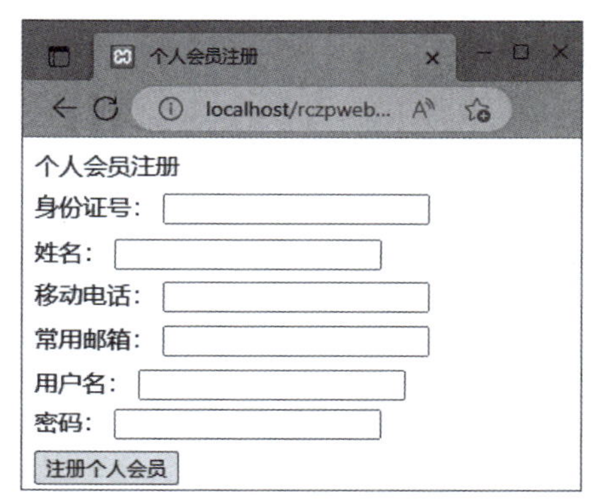

图 7-21　会员注册网页

三、任务分析

任务1 利用表单及控件设计一个用户登录界面。

任务2 接收表单发送的用户名和密码后，根据用户类型不同，分别在ypryb表或gsb中利用“用户名”搜索到相关数据，核对密码是否正确。若密码正确，则登录成功；若密码错误，则提示重新登录。

任务3 利用表格设计会员注册网页，通过超链接分别跳转到不同类型会员的注册网页，提交表单后分别由PHP程序接收数据并完成注册功能。

四、预备知识

加密函数md5。PHP的md5()函数计算字符串的MD5散列，可以实现信息加密。其用法为：

```
md5(字符串)
```

五、技能点

(1) 表单的action属性用于设置接收并处理表单数据的PHP程序，当action="#"时，表示由当前网页程序接收处理数据。

(2) 全局数组$_POST。用于接收HTML表单采用POST方法发送来的数据。

六、注意事项

由于ypryb表和gsb表中的密码字段保存的是利用md5函数加密后的信息，因此在设计用户登录处理程序时，对于用户输入的密码，需要利用md5函数处理后再与表中的字段值判断是否一致。

七、设计步骤

1. 设计用户登录界面

(1) **新建网页**。在“文件”面板中设置“当前站点”为RCZP，单击“文件”菜单→“新建”选项，选择“空白页”，“页面类型”为PHP，“布局”为“无”，“文档类型”为HTML 5，单击“创建”按钮。

(2) **设计表单**。切换到设计视图，在“文档”工具栏的“标题”文本框中输入“用户登录”，在网页中输入“用户登录”，按Enter键换行。单击“插入”菜单项→“表单”→“表单”选项，在“属性”面板中，设置“动作”为#。

(3) **插入表单控件**。在表单的红色虚线框中输入“类型：”，单击“插入”菜单项→“表单”→“单选按钮”选项，设置“标签”为“个人用户”，单击“确定”按钮。

(4) 单击选中单选按钮，在“属性”面板中，在“单选按钮”文本框中输入 usertype，在“选定值”文本框中输入 ypry，如图 7-22 所示。

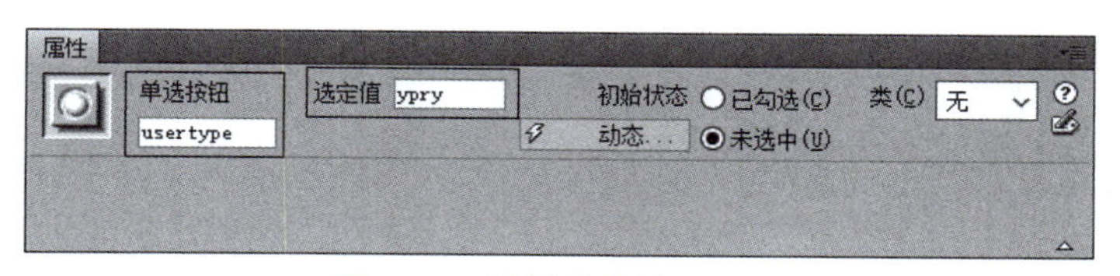

图 7-22　设置单选按钮属性

(5) 单击“插入”菜单项→“表单”→“单选按钮”选项，设置“标签”为企业用户，单击“确定”按钮。重复步骤(4)，在“单选按钮”文本框中输入 usertype，在“选定值”文本框中输入 gs。此时网页在设计视图下的效果如图 7-23 所示。

图 7-23　网页在设计视图下的效果

(6) 按 Enter 键换行，单击“插入”菜单项→“表单”→“文本域”选项，设置“标签”为“用户名：”，单击“确定”按钮。单击此文本域，在“属性”面板中，在“文本域”文本框中输入 userid。

(7) 按 Enter 键换行，重复步骤(6)，将文本域“标签”设置为“密码：”。单击此文本域，在“属性”面板中，在“文本域”文本框中输入 password，在“类型”选项中选中“密码”，效果如图 7-24 所示。

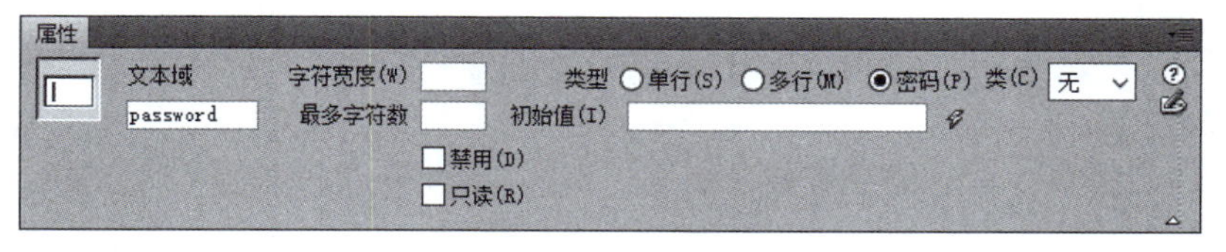

图 7-24　密码框属性设置

(8) 按 Enter 键换行，单击“插入”菜单项→“表单”→“按钮”选项，单击“确定”按钮。单击此按钮，在“属性”面板中，在“按钮名称”文本框中输入 submit，在“值”文本框中输入“登录”。此时网页在设计视图下的效果如图 7-25 所示。

(9) 保存文件。单击“文件”菜单→“保存”选项，输入文件名 login.php，单击“保存”按钮。按 F12 键预览，效果如图 7-20 所示。

2. 设计登录信息处理程序

(1) 打开网页。在“文件”面板中双击打开网页 login.php。

(2) 编写代码。切换到代码视图，在</form>输入以下代码。

图 7-25 网页在设计视图下的效果

```
<?php
require_once('Connections/link.php');
if(isset($_POST["submit"]))
{
    if (empty($_POST["userid"]) || empty($_POST["password"]))
      echo '<font color="red">用户名或密码不能为空!</font>';
    else
    {   $userid =trim($_POST["userid"]);
        $password =md5($_POST["password"]);
        if($_POST["usertype"]=="ypry")
          $sql ="select * from ypryb where 用户账号='$userid' and
                密码='$password'";
        else $sql ="select * from gsb where 用户账号='$userid' and
                密码='$password'";
        $result =mysql_query($sql) or die(mysql_error());
        if ( mysql_num_rows($result)!=1)
          echo '<font color="red">用户名或密码错误!</font>';
          else
          {   echo '<font color="red">登录成功!</font>';
          }
        }
    }
?>
```

(3) 保存文件。单击“文件”菜单→“保存”选项,保存并关闭文件。

3. 设计个人用户注册页面

(1) 新建文档。单击“文件”菜单→“新建”选项,选择“空白页”,“页面类型”为 PHP,“布局”为“无”,“文档类型”为 HTML 5,单击“创建”按钮。

(2) 设计表单。切换到设计视图,在“文档”工具栏的“标题”文本框中输入“个人会员注册”,在网页中输入“个人会员注册”,按 Enter 键换行。单击“插入”菜单项→“表单”→“表单”选项,在“属性”面板中,设置“动作”为 grzc.act.php。

(3) 插入表单控件。在表单的红色虚线框中,单击“插入”菜单项→“表单”→“文本域”选项,设置“标签”为“身份证号:”,单击“确定”按钮。单击选中此文本域,在“属性”面板中,在“文本域”文本框中输入“身份证号”。

(4) 按 Enter 键换行，重复步骤(3)，分别插入“标签”为姓名、移动电话、常用邮箱、用户名和密码共计 5 个文本域，在最后一个“密码”文本域的“属性”面板中，“类型”选项按钮选中“密码”。此时网页在设计视图下的效果如图 7-26 所示。

图 7-26　网页在设计视图下的效果

(5) 按 Enter 键换行，单击“插入”菜单项→“表单”→“按钮”选项，单击“确定”按钮。单击该按钮，在“属性”面板中，在“按钮名称”文本框中输入 submit，在“值”文本框中输入“注册个人会员”。

(6) 保存文档。单击“文件”菜单→“保存”选项，输入文件名 grzc.php，单击“保存”按钮保存文件。

4. 设计注册信息处理程序

(1) 新建文档。单击“文件”菜单→“新建”选项，选择“空白页”，“页面类型”为 PHP，“布局”为“无”，“文档类型”为 HTML 5，单击“创建”按钮。

(2) 编写代码。切换到代码视图，在原有代码后面输入如下代码。

```
<?php
require_once('Connections/link.php');
if (isset($_POST['submit']))
{
    if (empty($_POST["身份证号"]) || empty($_POST["密码"]))
        echo '<font color="red">用户名或密码不能为空!</font>';
    else
    {
      $sfzh =$_POST['身份证号'];
      $xm =$_POST['姓名'];
      $yddh =$_POST['移动电话'];
      $email =$_POST['Email 账号'];
      $yhzh =$_POST['用户账号'];
      $mm =md5($_POST['密码']);
      $sql ="select * from ypryb where 身份证号 ='$sfzh'";
      $result =mysql_query($sql);
```

```
        if( mysql_num_rows($result))
          $info="已经存在该用户";
        else
        {
            $sql ="insert into yprуb (身份证号,密码,姓名,移动电话,email 账号,
            用户账号) values('$sfzh','$mm','$xm','$yddh','$email','$yhzh')";
              $a=mysql_query($sql) or mysql_error();
            if ($a)
              $info="注册成功";
            else
              $info="注册失败";
            }
            echo "<font color='red'>$info</font>";
        }
    }
?>
```

(3) 保存文档。单击“文件”菜单→“保存”选项,输入文件名 grzc.act.php,单击“保存”按钮保存文件。

八、思考题

(1) 如何利用“登录用户”服务器行为设计用户登录网页程序?

(2) 在注册新会员时,如何对注册信息进行有效性验证?

7.5 用户修改密码页面设计

一、实验目的

完善普通用户,实现普通用户密码的修改。

二、实验任务

(1) 修改网页 login.php 的代码,如图 7-27 所示。当登录成功后,显示“修改密码”超链接,带着用户账号信息跳转到设置新密码的网页。

(2) 设计设置新密码的网页 xgmm.php,网页标题为“修改密码”。页面中利用文本域输入新密码和新密码确认,单击“修改”按钮提交表单,页面效果如图 7-28 所示。

(3) 在网页 xgmm.php 中设计修改密码的程序,新密码和新密码确认均不能为空;若新密码与新密码确认不一致,则修改失败。

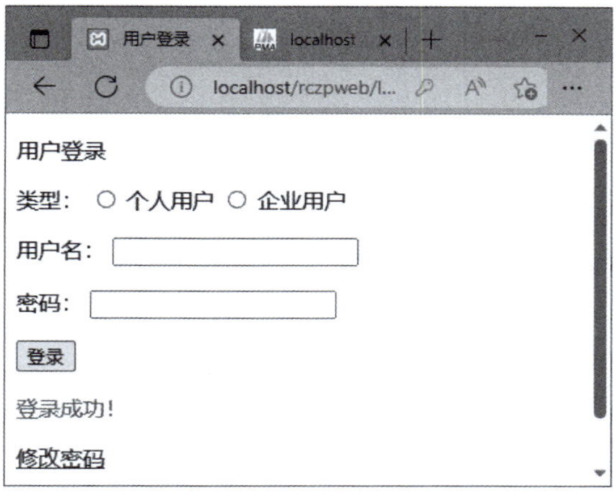

图 7-27　用户登录后的效果

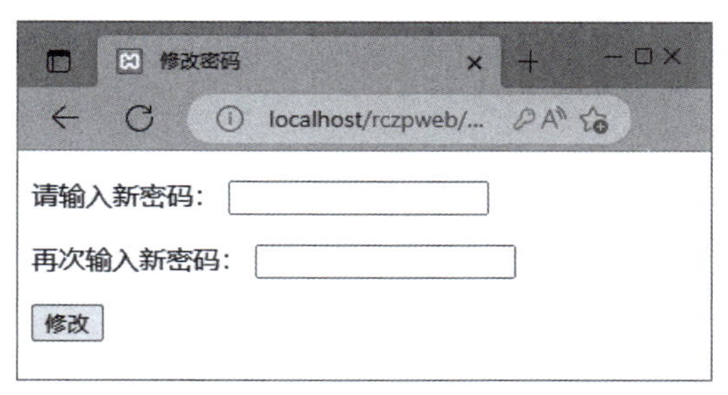

图 7-28　修改用户密码

三、任务分析

任务 1　利用带有参数的超链接实现设计。

任务 2　在网页 xgmm.php 中设计表单及控件，实现数据输入和发送。

任务 3　由当前网页验证接收的数据，通过验证后实现密码修改。

四、注意事项

由于 ypryb 表中的密码字段保存的是利用 md5 函数加密后的信息，因此在比较、修改用户密码时，也需要使用 md5 函数加密后的数据。

五、设计步骤

1. 修改网页 login.php

（1）**打开网页**。在 Dreamweaver 中，单击“文件”菜单→“打开”选项，在站点 rczp 的根目录中选择 login.php，单击“打开”按钮。

（2）**修改代码**。切换到代码视图，在“echo '<font color="red">登录成功！</font>';”后增加以下代码，效果如图 7-29 所示。

```
echo'<p><a href="xgmm.php?id='.$userid.'&type='.$_POST["usertype"].' ">修改
密码</a></p>';
```

（3）**保存网页**。按 Ctrl+S 组合键，保存网页后关闭。

2. 设计设置新密码的网页

（1）**新建网页**。在 Dreamweaver 中，单击“文件”菜单→“新建”选项，选择“空白页”，

```
48        else
49        {   echo '<font color="red">登录成功! </font>';
50            echo'<p><a href="xgmm.php?id='.$userid.'&type='.$_POST["usertype"].' ">修改密码</a></p>';
51        }
52      }
53    }
54  ?>
```

图 7-29 代码修改结果

"页面类型"为 PHP,"布局"为"无","文档类型"为 HTML 5,单击"创建"按钮。

(2) 设置网页标题。切换到设计视图,在文档工具栏的"标题"文本框中输入"修改密码"。

(3) 设计表单。单击"插入"菜单项→"表单"→"表单"选项,选中表单,在"属性"面板中,设置"动作"为#。

(4) 插入表单控件。在表单的红色虚线框内,单击"插入"菜单项→"表单"→"文本域"选项,设置"标签"为"请输入新密码:",单击"确定"按钮。单击选中此文本域,在"属性"面板中,在"文本域"文本框中输入 new1,在"类型"选项中选中"密码"。

(5) 按 Enter 键换行,重复步骤(3),将文本域"标签"设置为"再次输入新密码:",单击选中此文本域,在"属性"面板中,在"文本域"文本框中输入 new2,在"类型"选项中选中"密码"。

(6) 按 Enter 键换行,单击"插入"菜单项→"表单"→"按钮"选项,单击"确定"按钮。单击该按钮,在"属性"面板中,在"按钮名称"文本框中输入 submit,在"值"文本框中输入"修改"。

(7) 编写代码。切换到代码视图,在</form>标签后输入以下代码。

```
<?php
    require_once('Connections/link.php');
    if(isset($_POST["submit"]))
    {
        if(empty($_POST["new1"])||empty($_POST["new2"]))
            echo "密码不能为空!";
        else
        {   $new1 =$_POST["new1"];
            $new2 =$_POST["new2"];
            $userid =$_GET["id"];
            if ($new1 !==$new2)
                echo "两次输入的密码不一致!";
            else
            {
                $new1 =md5($new1);
                if($_GET['type']=="ypry")
                    $sql ="update yprybset 密码='$new1'
                        where 用户账号='$userid' ";
                else
                    $sql ="update gsb set 密码='$new1'
                        where 用户账号='$userid' ";
```

```
                $result=mysql_query($sql);
                if( $result )
                    echo $userid."密码修改成功!";
                else
                    echo $userid."密码修改失败!";
        }
        }
    }
?>
```

(8) 保存网页。单击“文件”菜单→“保存”选项，设置“文件名”为 xgmm.php，单击“保存”按钮。

(9) 预览效果。在“文件”面板中，双击打开文件 login.php，按 F12 键预览，输入信息验证效果。

六、思考题

设计修改密码的网页程序时，如何能更详细地验证输入信息的有效性?

7.6　用户账号注销页面设计

一、实验目的

以 Dreamweaver 为开发工具，在可视化设计环境中利用 HTML 链接传递多个数据，实现访问 MySQL 数据库的过程。

二、实验任务

(1) 修改网页 login.php，如图 7-30 所示。当登录成功后，增加显示“注销账号”超链接，带着用户账号信息跳转到注销账号的网页。

(2) 设计注销账号的网页 zxzh.php，利用超链接传送的用户类型和用户账号删除数据表中的相关账号记录，页面效果如图 7-31 所示。

三、任务分析

任务 1　利用带有参数的超链接实现设计。

任务 2　根据任务 1 中的超链接传送的信息判断用户类型，编写程序在相关数据表中将对应记录删除。

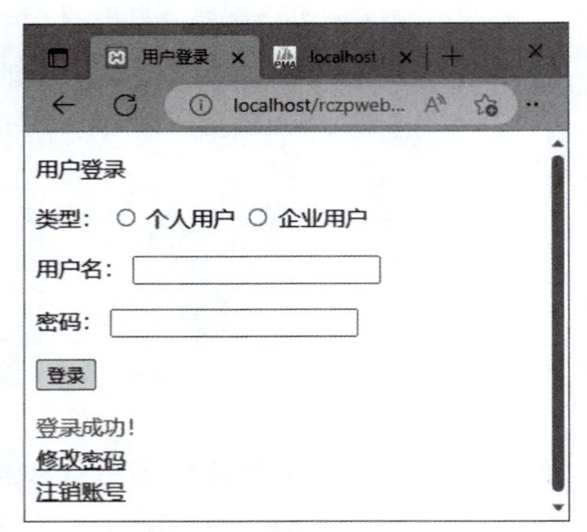

图 7-30 用户登录后的效果

图 7-31 修改用户密码

四、预备知识

带参数的链接。打开链接的页面时,通过链接的参数值能够实现页面间的数据传递,其语法格式为:"<A href="url?变量名 1=值 1& 变量名 2=值 2">链接内容 </A>"。语句可以传递多个参数;在链接网页中通过 PHP 预定义的超全局变量$_GET 获取参数值,语法格式为:

```
$_GET['变量名']
```

五、设计步骤

1. 修改网页 login.php

(1) **打开网页**。在 Dreamweaver 中,单击"文件"菜单→"打开"选项,在站点 rczp 的根目录中选择 login.php,单击"打开"按钮。

(2) **修改代码**。切换到代码视图,在修改密码链接后增加以下代码,效果如图 7-32 所示。

```
echo'<p><a href="zxzh.php?id='.$userid.'&type='.$_POST["usertype"].'">注销
账号</a></p>';
```

(3) 保存网页。按 Ctrl+S 组合键保存网页。

2. 设计注销账号的网页

(1) **新建网页**。在 Dreamweaver 中,单击"文件"菜单→"新建"选项,选择"空白页","页面类型"为 PHP,"布局"为"无","文档类型"为 HTML 5,单击"创建"按钮。

(2) **编写代码**。切换到代码视图,在原有代码的最后输入以下代码。

```
48      else
49      {   echo '<font color="red">登录成功！</font>';
50          echo'<p><a href="xgmm.php?id='.$userid.'&type='.$_POST["usertype"].' ">修改密码</a></p>';
51          echo'<p><a href="zxzh.php?id='.$userid.'&type='.$_POST["usertype"].' ">注销账号</a></p>';
52      }
53    }
54  }
55 ?>
```

图 7-32　代码修改结果

```
<?php
    require_once('Connections/link.php');
    $id=$_GET['id'];
    if($_GET['type']=="ypry")
        $sql ="delete from yprybwhere 用户账号='$id' ";
    else
        $sql ="delete from gsb where 用户账号='$id' ";
    $result=mysql_query($sql);
    if( $result )
        echo $id."用户已注销!";
    else
        echo $id."用户注销失败!";
?>
```

（3）保存网页。单击“文件”菜单→“保存”选项，设置“文件名”为 zxzh.php，单击“保存”按钮保存文件。

（4）预览效果。在“文件”面板中，双击打开文件 login.php，按 F12 键预览，输入信息验证效果。

六、思考题

（1）在图 7-32 所示的代码中，为什么要使用字符串连接运算符将若干字符串连接起来？

（2）网页中每次进行与用户相关的操作时都需要登录，如何能在第一次登录后记录用户信息，不需要每次都重新登录？

附录 A　样式文件 Styles.CSS 中的代码

```
@charset "utf-8";
/* CSS Document */
body {
margin:0px; background-color:#FFFFFF;
font-family:"microsoft yahei","宋体", sans-serif; font-size:14px;
}

ul,li{margin:0px;padding:0px;list-style: none;display: flex;}
p,input,textarea{margin:5px;padding:0px;}

hr{ color: #ddd; border:2; }

#header { height: 120px;               /*容器宽度*/
    width: 1000px; position: relative;
    margin: 10px auto;                 /*左右 auto 居中显示*/
    font-size: 18px; color: #FFFFFF; }

#top_logo {float: left; margin-left:30px; }
#top_info {  float: right; font-variant: small-caps;
          background-color: #2A53A8; margin-top:15px; }
#top_info li { margin-left: 20px; }
#top_info a { color: #fff; text-decoration: none;}

#top_tel{background:url(../images/phone.gif) no-repeat 20px 20px ; padding-
left:130px; padding-top:20px; margin-top:10px; width:240px;height:50px;}

#nav{ display:block; width: 1000px; height: 34px; margin: 0px auto; }
/*使用内联样式使其水平显示*/
#nav ul li { display:inline; }
#nav a{ float:left; height:24px; width:auto;
    background:url(../images/navbox.gif) no-repeat;
    margin-right:5px; padding:10px 15px 0px; font-size:14px;
    font-weight:bold; text-decoration:none; color:#666666 }
#nav a.select{ background:url(../images/navbox_select.gif) no-repeat;
    color: #FFF; }
#nav_bottom{
    width:1000px;height:5px;margin:0 auto; background-color:#3266CC }
#contentarea { width: 1000px; margin: 0px auto; }
```

```
.search { font-size:18px; width: 1000px; background-color: #3266CC; }
.search .center{ margin-left:20px; margin-top:20px;
        height:60px; float: left }
.search .center .sh_btn{
    background-color: #45B549; font-size: 16px;
    margin-left: 30px; text-align: center; width: 80px;
     height: 36px; line-height: 36px; border: 0px;
     color: #FFFFFF; cursor: pointer; }

/*2栏式容器布局样式*/
.two_column_container {
    margin: 3px auto;                         /*使容器水平居中显示*/
    width:1000px;                             /*容器的宽度为 950px*/
    border:1px solid #818181;                 /*容器具有 1px 的边框*/
    position:relative;                        /*与其他页面主元素一样相对对齐方式*/
}
/*左侧分栏*/
.left_column {
    width:30%;                                /*占用 80%宽度*/
    float:left;                               /*向左浮动*/
}

.right_column {
      float:right;                            /*向右浮动,占用 17%的宽度*/
      width:69%; }
.login_area{ text-align: center; margin-top:10px;
     padding: 10px 10px; background: #F3F3F3;
     overflow: hidden; border:1px solid #ddd; }
.login_area .capital{ width:100%; height:44px;
      line-height: 44px; font-size: 20px; }
.login_form { margin-left:10px; }
.login_area .login-sub input{ margin-top:15px; background: #45B549;
     line-height: 35px; width: 80%; color: #FFFFFF;
     border: none; border-radius: 5px; }
.login_finished { font-size: 17px; }
.adv_area { margin-top: 10px; padding: 10px 10px;
background: #F3F3F3; overflow: hidden; border: 1px solid #ddd; }

/*最新职位*/
.display {width:1000px; margin:0 auto; margin-top:8px;border:1px solid #E4E4E4;
padding-bottom:5px;}
.display .title{height:30px;background:url(../images/52.gif) repeat-x 0px -
239px; border-bottom:1px solid #E4E4E4; line-height:30px; margin-bottom:6px;}
.display .title .left{height:30px; float:left; width:600px; padding-left:10px;
font-weight:bold; font-size:14px;}
.display .title .right{height:30px; float:left; width:330px; text-align:right;
font-size:12px;}
```

```
.display .list{line-height:180%; text-align:center;}

/*会员注册*/
.reg_box{width:1000px; margin:0 auto; border:1px #DDDDDD solid; color:#666666}
.reg_tit{ height:43px; border-bottom:1px #DDDDDD solid; background-repeat:
repeat-x; line-height:43px; padding-left:20px; width:1000px; font-size:14px;
color:#666666}
.reg_tit .left{ float:left ; width:50%; height:100%;}
.reg_tit .right{ float:left ; width:50%; height:100%;}

.reg_input { width:165px; padding:3px; vertical-align:middle; font-family:
Arial, Helvetica, sans-serif; font-size:12px; height:18px; line-height:16px;
border:1px #CCCCCC solid;}

.clear{clear:both; height:0px; margin:0;padding:0;}

#footer { clear: both; text-align:center; width: 1000px; margin: 10px auto; }
```

附录B 主教材习题解答

B.1 第1章习题解答

一、填空题

1. ①单机 ②网络
2. ①客户端/服务器 ②C/S ③浏览器/服务器 ④B/S
3. ①html ②服务器脚本 ③数据库
4. ①客户端浏览器 ②网页服务器 ③HTTP
5. ①Linux ②Apache ③MySQL ④PHP
6. ①HTML ②CSS ③客户端脚本
7. ①Httpd.conf ②My.ini
8. ①修改访问网址 ②修改服务器端口号 ③修改认证方法
9. ①HTML ②CSS
10. ①Start ②Config ③Admin

二、单选题

1. B 2. C 3. D 4. B 5. C 6. D 7. D
8. D 9. D 10. D 11. C 12. C

三、多选题

1. CDEF 2. CDEF 3. BCEF 4. BCDE 5. CE 6. CD 7. CD
8. BE 9. ACEF

B.2 第2章习题解答

一、填空题

1. 超文本标记语言
2. ① 文字 ② 图片 ③ 超链接 ④ 超链接

3. 首先参数
4. ① 菜单栏 ② 文档工具栏 ③ 文档窗口 ④ 状态栏 ⑤ 属性面板 ⑥ 浮动面板组 ⑦ 工作模式下拉框
5. ① 站点 ② 本地文件夹 ③ 远程文件夹
6. ① 对标签 ② 单标签 ③ 起始标签 ④ 结束标签
7. 起始
8. ① <Head> ② <Title> ③ <Body>
9. ① <Body> ② </Body>
10. ① BgColor ② BackGround ③ Text
11. <Body Background ="/image/bg.jpg">
12. ① <Enter> ② <P>…</P>
13. ① <b> ② <i> ③ <u> ④ <s>
14. <IMG>
15. 图像超链接
16. CSS
17. ① 标记选择器 ② 类选择器 ③ Id 选择器
18. ① 圆点“.” ② “#”号
19. Href
20. ① Padding ② Margin
21. <Div>

二、单选题

1. C	2. B	3. C	4. D	5. D	6. D
7. B	8. D	9. ① C ② D ③ B	10. A	11. C	
12. A	13. A	14. D	15. B	16. B	17. D
18. D	19. ① D ② A ③ C	20. A	21. C	22. C	
23. A	24. A	25. D	26. B	27. A	28. C
29. B	30. A	31. A	32. B	33. D	34. C
35. D	36. C	37. D	38. B	39. D	

三、多选题

1. ADE	2. ACDEF	3. CE	4. ABCD	5. BCD	6. BC
7. ABCE	8. ABD	9. AB	10. BEF	11. BCD	12. ACDE
13. CE	14. AE	15. AB	16. CE	17. AE	
18. ABCDE	19. ADE	20. ABDE	21. DF	22. AE	23. BC
24. ABCDE	25. ACDE	26. CDE	27. ABCD		

B.3　第3章习题解答

一、填空题

1. ① 左侧栏　② 脚注区　③ 左侧栏
2. ① TH　②TD　③ 像素
3. ① colspan =3　② rowspan=2
4. Border
5. ① Post　② Get　③ Post
6. ① Input　② Password　③ Size
7. TextArea
8. ① Submit　② Value
9. ① 模板　② Dwt
10. ① 可编辑　② 重复　③ 可选

二、单选题

1. D　2. A　3. B　4. B　5. A　6. B
7. A　8. C　9. A　10. A

三、多选题

1. AB　2. ACEF　3. BCD　4. ACDE　5. ADE　6. BD
7. BC　8. AC　9. ACD

四、程序填空题

1. ① method　② password　③ submit
2. ① #　② float　③ left　④ answer

五、程序结果题填空题

1. ① 4　② 3　③ 3个像素　④ Web程序设计

六、程序设计题

1. 分析与设计

【分析】

常见的“厂”字形布局页面指：页面顶部为横条网站标识，下方左侧为主菜单，右侧为网站正文的布局。使用Div+CSS设计“厂”字形布局时，可以通过“Id”为“container”“header”“menu”“content”的Div标签分别实现网页的整体框架区、网站标识区、菜单区和正文区，并使用CSS为不同区域设计布局样式。

【设计】

```
<html><head>
<style type="text/css">
        div#container{width:500px}
        div#header {background-color:#99bbbb;}
        div#menu {background-color: #ffff99; height: 200px; width: 150px; float:
        left;}
        div#content {background-color:#EEEEEE;height:200px;width:350px;float:
        left;}
</style></head>
<body>
      <div id="container">
            <div id="header"><h1>网站标识</h1></div>
            <div id="menu">
                  <h2>菜单列表</h2>
                  <ul><li><a href="#">菜单 1</a></li>
                  <li><a href="#">菜单 2</a></li>
                  <li><a href="#">菜单 3</a></li></ul></div>
            <div id="content">网页正文</div>
      </div></body></html>
```

2. 分析与设计

【分析】

“三”字形布局的特点是在页面上有横向两条色块,将页面分割为三部分,顶部为网站标识,中间为网站正文,底部为网页说明。使用框架设计“三”字形布局时,需要设计4个网页,包括框架集页面(main.htm)、顶部页面(header.htm)、正文页面(body.htm)和底部页面(footer.htm)。

【设计】

main.htm 代码:

```
<html>
    <frameset rows="25% ,50% ,25% ">
           <frame src="header.html">
           <frame src="body.html">
           <frame src="footer.html">
    </frameset></html>
```

header.htm 代码:

```
<html><body bgcolor="#99bbbb">
    <h1 align="center">网站标识</h1></body></html>
```

body.htm 代码:

```
<html><body bgcolor="#EEEEEE">
    <h3>网页正文</h3></body></html>
```

footer.htm 代码:

```
<html><body bgcolor="#99bbbb">
    <h3 align="center">网页说明</h3></body></html>
```

B.4 第4章习题解答

一、填空题

1. ① 规范化 ② 抽象化 ③ 数字化 ④ 特征
2. ① 有组织 ② 结构化 ③ 相关联 ④ 事务特征 ⑤ 数据表|表
   ⑥ 主关键字|主键|主码 ⑦ 关联|联系|关系
3. ① 逻辑设计 ② 物理设计 ③ 需求分析 ④ 概念设计
4. ① 学生、专业 ② 张明宇、经济学 ③ 学号、姓名、专业码、专业名称
   ④ 22159901、张明宇、020101、经济学 ⑤ 学号 ⑥ 专业码 ⑦ 专业码 ⑧ 学生
5. ① 表结构|实体型的属性(列、字段、数据项)信息 ② 属性值|数据行|数据记录
   ③ 实体型|关联|联系 ④ 实体|关联|联系
6. ① 学院码,学院名 ② 学院码 ③ 学院码,学院名
7. ① XS ② MZ ③ XS
8. ① 民族名 ② 民族码
9. ① (月份,职工号) ② 姓名 ③ 基本工资、奖金、个人所得税 ④ 个人所得税
10. ① 非主属性 ② 部分函数依赖 ③ 传递函数依赖
11. ① 3 ② 学生、民族和专业
12. ① 数据冗余|数据重复存储 ② 数据操作异常|数据插入、更新和删除异常
    ③ 部分函数依赖 ④ 传递函数依赖
13. ① 非主属性 ② 部分 ③ 第二
14. ① 非主属性 ② 传递 ③ 第三
15. ① 节省存储空间 ② 冗余 ③ 原子性
16. ① 性别码和民族码 ② 学号、专业码和身份证号
17. ① 职工号 ② 性别、政治面貌和职称
18. ① 3 ② 2 ③ 1 ④ 1 ⑤ 多

二、单选题

1. B　2. ① A ② B ③ C　3. ① C ② B　4. C　5. C
6. D　7. D　8. C　9. A　10. D　11. B　12. A
13. ① C ② C　14. B　15. C　16. D　17. B　18. B

三、多选题

1. CE　2. BDE　3. ① ADG ② BCEFH ③ BEI ④ BE ⑤ BE
4. AE　5. BDE　6. BDF　7. ACD　8. BC　9. AB

10. CE　　11. AC　　12. BCE　　13. ABD　　14. BD
15. ① EFG　② ABCD　　16. ADF　　17. BC　　18. ① ABCDEF　② EF
19. ABC　　20. BCD　　21. ACDE　　22. BD　　23. BD
24. ① ABCDEF　② ABCDE　③ BCDE　④ BCDE
25. ABDEF　　26. ① AB　② CF　③ DE

四、数据库设计题

1. 分析与设计如下。

【分析】

由题意得知,每人每月发放一次工资,因此,关键字是(月份,职工号);姓名、工作时间等部分函数依赖关键字(月份,职工号),合计和实发工资传递函数依赖关键字,在第三范式中要消除这些函数依赖关系。另外,考虑所得税率和社会保险各月可能均不同,因此,所得税和社会保险不传递函数依赖关键字。职称可以采用 1 位编码,便于节省存储空间。

本题中涉及职工、工资和职称 3 类实体。根据实体型一表化的设计原则,本数据库可由如下 3 个第三范式的关系模式组成。

【设计】

(1) 职工关系模式。ZGB(职工号,姓名,工作时间,职称码,性别),其中职称码是外键。ZGB 的表结构如表 B-1 所示。

表 B-1　职工表(ZGB)结构

字段名	类型	长度	默认值
职工号	Char	6	
姓名	VarChar	10	
工作时间	Date		
职称码	Char	1	'3'
性别	Char	2	'男'

(2) 工资关系模式。GZB(月份,职工号,职务工资,岗位津贴,奖金,所得税,社会保险),其中职工号为外键。由于每人每个月都要发放工资,因此 GZB 关系模式的关键字为(月份,职工号),对应的表结构如表 B-2 所示。

表 B-2　工资表(GZB)结构

字段名	类型	长度	默认值
月份	Char	4	
职工号	Char	6	
职务工资	Float	9,2	0
岗位津贴	Float	9,2	0
奖金	Float	9,2	0
所得税	Float	8,2	0
社会保险	Float	8,2	0

(3) 职称关系模式。ZCB(职称码,职称,级差)。ZCB 的表结构如表 B-3 所示。

表 B-3 职称表(ZCB)结构

字段名	类型	长度	默认值
职称码	Char	1	'3'
职称	Char	4	
级差	SmallInt	4	0

2. 分析与设计如下。

【分析】

本题中涉及股东、股票和股东账号 3 个实体型。另外,需要描述股东与股票之间的关联,因此本数据库需要 4 个关系模式。

【设计】

(1) 股东关系模式。GDB(身份证号,姓名,联系电话)。GDB 的表结构如表 B-4 所示。

表 B-4 股东表(GDB)结构

字段名	类型	长度
身份证号	Char	18
姓名	VarChar	10
联系电话	VarChar	20

(2) 股票关系模式。GPB(股票代码,股票名称,现价)。GPB 的表结构如表 B-5 所示。

表 B-5 股票表(GPB)结构

字段名	类型	长度	默认值
股票代码	Char	6	
股票名称	VarChar	10	
现价	Float	8,2	0

(3) 股东账号关系模式。GDZHB(身份证号,股东账号,开户时间,资金余额),其中身份证号是外键,股东账号为关系模式的关键字。GDZHB 的表结构如表 B-6 所示。

表 B-6 股东账号表(GDZHB)结构

字段名	类型	长度	默认值
身份证号	Char	18	
股东账号	Char	9	
开户时间	Date		
资金余额	Float	11,2	0

(4) 股东股票关系模式。GDGPB(股东账号,股票代码,持有数量,均价),其中股东账号和股票代码分别是两个外键。由于一个股东允许持有多只股票,因此,GDGPB关系模式的关键字为(股东账号,股票代码),对应的表结构如表B-7所示。

表 B-7 股东股票表(GDGPB)结构

字段名	类型	长度	默认值
股东账号	Char	9	
股票代码	Char	6	
持有数量	Int	8	0
均价	Float	7,2	0

3. 分析与设计如下。

【分析】

本题涉及学生、民族和课程3个实体型,另外需要学生与课程(成绩)之间的关联。与股东信息数据库类似,学生考试数据库也需要4个关系模式。

【设计】

学生考试数据库模式由如下4个关系模式构成。

XSB(学号,姓名,性别,出生日期,民族码)

MZB(民族码,民族名称)

KCB(课程码,课程名称,学分)

CJB(学号,课程码,考试成绩,课堂成绩,实验成绩,重修)

其中民族码是XSB的外键,学号和课程码是CJB的两个外键。4个关系模式对应的表结构如表B-8至表B-11所示。

表 B-8 学生表(XSB)结构

字段名	类型	长度	默认值
学号	Char	8	
姓名	VarChar	10	
性别	Char	1	'1'
出生日期	Date		
民族码	Char	2	'01'

表 B-9 民族表(MZB)结构

字段名	类型	长度
民族码	Char	2
民族名称	VarChar	20

表 B-10 课程表(KCB)结构

字段名	类型	长度	默认值
课程码	Char	6	
课程名称	VarChar	15	
学分	TinyInt	1	1

表 B-11 成绩表(CJB)结构

字段名	类型	长度	默认值
学号	Char	8	
课程码	Char	6	
考试成绩	TinyInt	3	0
课堂成绩	TinyInt	3	0
实验成绩	TinyInt	3	0
重修	TinyInt	1	0

B.5 第 5 章习题解答

一、填空题

1. ① Shell ② MySQL ③ root@localhost ④ 127.0.0.1
2. ① # ② MySQL ③ 用户名 ④ mysql> ⑤ Quit|Exit
3. ① 标记 ② 拖动 ③ 复制
4. ① LocalHost ② %
5. ① %|任意主机 ② 无密码 ③ @LocalHost ④ Identified By 'st918'
6. ① Create ② Select 和 Alter ③ Drop ④ Select 和 Alter ⑤ Select 和 Insert ⑥ Select 和 Update ⑦ Select 和 Delete ⑧ Create User ⑨ Select 和 Create User
7. ① * ② *.* ③ RCZP.* ④ RCZP.YPRYB
8. ① …XAMPP\MySQL\Data ② …XAMPP\MySQL\Data\RCZP ③ utf8_general_ci、utf8_unicode_ci、gb2312_chinese_ci、gbk_chinese_ci、utf8、gb2312 或 gbk
9. ① 1 ② −128～127 ③ 0～255
10. ① 2017-9-18 9:30:10 ② 10 ③ 2017-9-18 9:48:20 ④ 15
11. ① 1 ② 2
12. ① 内关联|内联 ② 外键约束关联 ③ 外键约束

二、单选题

1. B　2. C　3. C　4. C　5. B　6. B
7. D　8. B　9. C　10. D　11. B　12. D
13. ① A　② B　③ A　④ B　14. B　15. D　16. C

三、多选题

1. CD　2. AD　3. ACD　4. ABE　5. BDE　6. CDE
7. BD　8. AC　9. ① AB　② AB　③ AC　④ AD
⑤ AE　⑥ AF　⑦ AFG　10. AD　11. ABCD　12. ACE
13. ACDE　14. BD　15. ACDF　16. AE　17. CE　18. DE
19. CF　20. DE　21. ACD　22. ACDF　23. ABDE　24. ABCE
25. ADG　26. ①BCEG　②ADH　27. ABCE

B.6　第 6 章习题解答

一、填空题

1. ① 数据访问控制　② 数据定义　③ 数据操纵　④ 数据查询
2. ① Create　② Alter　③ Drop
3. ① 3　② 电子商品(类别 Char(10),编码 Char(6),商品名称 VarChar(20),Primary Key(类别,编码))
4. ① 出错　② If Not Exists　③ 1　④ 匿名　⑤ 2017-01-08 14:03:05　⑥ Null
⑦ 2　⑧ 匿名　⑨ 2017-01-08 14:03:08　⑩ Null
5. ① 2　② 2　③ 155
6. ① On Duplicate Key Update　② Values　③ Set　④ Replace
7. ① 1　② 2
8. ① Order By　② Group By　③ Distinct| Group By　④ Having
⑤ Into OutFile
9. ① 岗位编号='B0001'
② 面试成绩>=50 And 面试成绩<=59|面试成绩 Between 50 And 59
③ 面试成绩>(Select AVG(面试成绩) From GWCJB)
10. ① mid(身份证号,17,1) %2=0 | Mod(mid(身份证号,17,1), 2)=0
② 姓名 Like '%国庆%' | 姓名 RLike '国庆'
③ 通信地址 RLike '北京|上海|深圳'
④ 身份证号 In (Select 身份证号 From GWCJB Where 资格审核)
11. ① YPRYB.身份证号=GWCJB.身份证号　② GWB.岗位编号=GWCJB.岗位编号
③ Null

12. ① Null ② 10 ③ [Not]In、All、Any | Some、[Not] Exists
13. ① Natural Join ② Natural Join ③ 面试成绩> ④ AVG(面试成绩)
⑤ CJB.岗位编号=GWCJB.岗位编号
14. ① 嵌套、合并 ② Select、Update 和 Delete ③ Select 和 Update ④ Select
15. ① Create Table、Insert、Replace 或 Select ② Union All ③ Union ④ 地址

二、单选题

1. B 2. C 3. B 4. D 5. ① B ② D
6. ① A ② B ③ D ④ C ⑤ F 7. ① B ② C 8. ① E ② F
9. A 10. D 11. C 12. A 13. C 14. B 15. A
16. B 17. C 18. D 19. B 20. B 21. B 22. D

三、多选题

1. ADE 2. CE 3. CDEF 4. BCE 5. ① BCDI ② EFGHIJ ③ AK
6. ① AG ② AH ③ A ④ ABE ⑤ AE ⑥ AI ⑦ EI
7. ① AB ② BCDE 8. BCDE 9. BCDE 10. ① BC ② BC 11. BE
12. ABDFG 13. ABCEHJ 14. ① ACDEFH ② EH ③ ACDF 15. BDFG
16. ① AC ② ACD 17. ① ABFGH ② EH 18. ① BCE ② ABC
19. AEG 20. ABE 21. BH 22. BCD 23. ABCEG 24. CDE
25. ADE 26. ① BCEH ② DF 27. ① BDEF ② ABCDEF
28. BCE 29. BC

四、SQL 语句填空题

1. ① Count(岗位编号)|Count(*) ② Natural Join ③ Group By ④ Having
⑤ 岗位数 DESC|3 DESC
2. ① View|Table ② Min(笔试成绩) ③ Group By ④ 笔试成绩 ⑤ 最低分
⑥ View|Table
3. ① Count(身份证号)|Count(*) ② GWB.岗位编号=GWCJB.岗位编号
③ In ④ 岗位编号 ⑤ Order By ⑥ DESC

五、SQL 语句输出结果填空题

1. ① 5 ② 3 ③ 79 ④ 5
2. ① 6 ② 1 ③ Null ④ 0 ⑤ 5 ⑥ 3 ⑦ 79
3. ① 6 ② 0 ③ Null ④ 0
4. ① 85 ② 68 ③ 84 ④ 80 ⑤ 90 ⑥Null

六、SQL 语句设计题

1. 分析与设计如下。

【分析】

本题要求将 GWCJB 中每个岗位的统计结果——笔试平均分添加到本表中,首先应该考虑用嵌套的 SQL 语句进行设计。在向 GWCJB 中增加字段后,似乎用一条嵌套语句"Update GWCJB Set 岗位平均笔试分=(Select AVG('笔试成绩') From GWCJB As CJB Where GWCJB.岗位编号=CJB.岗位编号)"就能解决问题。但是,语句中被修改的表与子查询的数据源同是 GWCJB,违背 MySQL 的有关规定,不能运行。

解决这个问题有两个途径:一是应用视图对象,二是借用备份表。

【设计】

```
Alter Table GWCJB Add 岗位平均笔试分 Int    /* 增加字段 */;

Create View PJF As Select 岗位编号,AVG(笔试成绩) As 岗位平均笔试分
    From GWCJB Group By 岗位编号             /* 创建视图 PJF */;

Update GWCJB SET 岗位平均笔试分=             /* 嵌套 SQL 语句,视图 PJF 为子查询数据源 */
    (Select 岗位平均笔试分 From PJF Where GWCJB.岗位编号=PJF.岗位编号);

Drop ViewPJF                                /* 删除不再使用的视图 PJF */;
```

只要将上述 SQL 语句中的 Create View 改成 Create Table, Drop View 改为 Drop Table,就换成了备份表的设计方法,也可以满足问题的设计要求。

2. 分析与设计如下。

【分析】

由于本题要求输出 GWB 中的全部岗位,包含没人申报的岗位,因此,用 GWB 与 GWCJB 进行内连接或自然连接都不能满足要求。

解决此类问题时,一般考虑用表之间左连接加分组或嵌套的 SQL 语句进行设计。

【设计】

```
Select GWB.岗位编号,岗位名称, 人数,           /* 设计一: 表之间左连接加分组 */
    Count(身份证号) As 申报人数, /* 不能用 Count(*) */
    IfNull(Max(笔试成绩),0) As 笔试最高分
    From GWB Left Join GWCJB On GWB.岗位编号=GWCJB.岗位编号
    Group By GWB.岗位编号;

Select 岗位编号,岗位名称, 人数, /* 设计二: 嵌套的 SQL 语句 */
    (Select Count(*) From GWCJB Where GWB.岗位编号=GWCJB.岗位编号) As 申报人数,
    IfNull((Select Max(笔试成绩) From GWCJB Where GWB.岗位编号=GWCJB.岗位编号),0)
    As 笔试最高分
    From GWB;
```

3. 分析与设计如下。

【分析】

将表中的一个记录分成几个记录存储,实质是两个问题:其一是两个 Select 语句的合并问题,其二是 Create Table 与 Select 语句的再合并问题。

【设计】

```
Create Table BSMS As                  /* Create Table 与合并后的 Select 语句再合并 */
    Select 岗位编号,身份证号,'笔试' As 考试形式,笔试成绩 As 成绩 From GWCJB
```

```
Union                                                  /* 两个 Select 语句合并 */
    Select 岗位编号,身份证号,'面试',面试成绩 From GWCJB
order By 岗位编号,身份证号;
```

4. 分析与设计如下。

【分析】

首先需要创建一个视图GV,包括每人的身份证号、笔试平均分和笔试最高分,再用GV、GWB、YPRYB和GWCJB通过内连接或自然连接及查询嵌套解决两个设计问题。

【设计】

```
Create View GV As Select 身份证号,AVG(笔试成绩) As 笔试平均分,/* 创建视图 GV */
    Max(笔试成绩) As 笔试最高分 From GWCJB Group By 身份证号;

Select 身份证号,姓名,岗位名称,笔试成绩
    From GWB Natural Join GWCJB Natural Join YPRYB Natural Join GV
    Where 笔试成绩>笔试平均分                    /* 利用视图 GV 输出高于平均分的岗位 */;

Select 身份证号,姓名,岗位名称,笔试成绩
    From GWB Natural Join GWCJB Natural Join YPRYB Natural Join GV
    Where 笔试成绩=笔试最高分                 /* 利用视图 GV 输出等于笔试最高分的岗位 */;
```

如果将视图作为子查询的数据源,也可以实现本题要求。请读者尝试修改上述设计,用嵌套的设计方法满足本题要求。

B.7 第7章习题解答

一、填空题

1. ① 新建 ② 新建文档 ③ PHP
2. ① 代码 ② 实时视图 ③ 在浏览器中预览/调试
3. ① $ ② 字母 ③ 汉字 ④ 数字 ⑤ 下画线
4. ① Web服务器 ② <?PHP ③ <? ④ <% ⑤ ?> ⑥ %>
5. ① 分号(;) ② 函数名称 ③ 类名称 ④ 关键字 ⑤ 半角
6. ① 上方 ② 尾部 ③ /* ④ */ ⑤ // ⑥ #
7. ① 常量 ② 变量 ③ 函数名 ④ 运算符 ⑤ 字符串 ⑥ 数值 ⑦ 括号
8. ① 单引号(') ② 双引号(") ③ 界定符(<<<)
9. 半角句号(.)
10. ① Ltrim ② Rtrim ③ Trim ④ Strlen ⑤ 3 ⑥ Strcmp ⑦ 0
11. ① 0 ② 0x ③ 直接书写 ④ 科学记数
12. ① Abs ② Round ③ Sqrt ④ Pow 或 Pow(3,4)
13. ① Getdate ② Strtotime ③ Date_Default_Timezone_Set ④ "PRC"
14. ① 逻辑与 ② 逻辑或 ③ 逻辑异或 ④ 逻辑非
15. ① 字符串 ② / ③ 普通字符 ④ 特殊字符 ⑤ 匹配

16. ① 单个字符 ② 模式单元 ③ 普通字符表 ④ 普通转义字符 ⑤ 原子表 ⑥ 重复匹配 ⑦ 边界限制 ⑧ 特殊字符“.” ⑨ 模式单元 ⑩ 模式选择符

二、单选题

1. B	2. A	3. C	4. C	5. B	6. D	7. A
8. D	9. C	10. C	11. B	12. B	13. D	14. D
15. A	16. B	17. C	18. C	19. D	20. D	

三、多选题

1. ABCDE	2. AC	3. ACE	4. ABCE	5.BDE
6. BEF	7. AC	8. BCD	9. ABE	10. BDE
11. BCDF	12. BCD	13. AC	14. BE	

B.8 第 8 章习题解答

一、填空题

1. ① if…elseif…else… ② switch case ③ if ④ else
2. ① 循环体 ② 不成立
3. 完全
4. foreach
5. ① break ② continue
6. ① 不相同 ② 多维数组
7. ① 逻辑型 ② 下标/键值
8. ① implode() ② explode()
9. ① 用户自定义 ② 内置/系统
10. 一
11. ① 值 ② 引用 ③ 引用
12. ① 默认参数 ② 后
13. Global
14. ① 被保留 ② Static
15. ① 两个 ② Error Level ③ Error Message
16. Png
17. ① Post ② Get ③ Method
18. ① $_POST[] ② $_GET[] ③ name
19. ① # ② IsSet()
20. 要调用的 PHP 文件
21. ① Value ② 循环
22. Multipart/Form-Data

23. ① 1　② 选定文件的绝对存储路径
24. ① 二　② 文件域控件名　③ Name　④ Type　⑤ Size
　⑥ Tmp_Name　⑦ Error

二、单选题

1. C　2. D　3. C　4. B　5. A　6. A
7. C　8. C　9. D

三、多选题

1. ACE　2. ACE　3. BD　4. ACDE　5. ABD　6. BD
7. BCD　8. ABDE　9. AD　10. BCE

四、程序填空题

1. ① 100　② $n++　③ continue
2. ① Array　② $i==$j　③ $i+$j==2
3. ① IsSet( )　② $x　③ $x%10
4. ① $i<5　② $a[$i]>$a[$j]　③ $a[$i]
5. ① Static　② $i++　③ Fac($i)
6. ① Count　② $i　③ Break
7. ① 0　② Tmp_Name　③ Type

五、程序结果题

1. ① 30　② 15　③ 3
2. ① 11　② 18　③ 26
3. 46
4. ① 1　② 1　③ 1139
5. ① 10　② 16　③ 16
6. ① 1　② 1990-09-11　③ 学士

六、程序设计题

1. 分析与设计如下。

【分析】

首先通过一个循环来表示 100 到 999 之间的全部整数，然后对每个分别做除 10 求余运算，得到其个位数部分；再对其除 10 后做除 10 求余运算，得到其十位数部分；再次对其除以 100 并取其整数部分，得到它的百位部分；最后判断个位数、十位数、百位数的立方和是否与原数相等，如相等，则是水仙花数。

【设计】

```
<?PHP
For ($i=100;$i<=999;$i++)
```

```
{   $a=$i%10;
    $b=($i/10)%10;
    $c=floor($i/100); //取$i/100的整数部分
    If ($i==$a*$a*$a+$b*$b*$b+$c*$c*$c)
    {  Echo $i;
       Echo "</br>";}
}?>
```

2. 分析与设计如下。

【分析】

利用else…if结构,针对每种情况设置一个选择分支,根据分支选择的情况输出相应的等级。

【设计】

```
<body>
    <form id="form1" name="form1" method="post" action="">
      <label for="textfield"></label>
      <input type="text" name="sz" />
      <input type="submit" name="tj" value="提交" />
    </form>
    <?PHP
       if(isset($_POST["tj"]))
       { $i=($_POST["sz"]);
           If ($i>=90)
               echo "A";
           ElseIf ($i>80)
               echo "B";
           ElseIf ($i>70)
               echo "C";
           ElseIf ($i>60)
               echo "D";
           Else
               echo "E";
       }?>
</body>
```

3. 分析和设计如下。

【分析】

根据数学中的定义,最小公倍数=两整数的乘积÷最大公约数,求最大公约数可以用辗转相除法,有两整数$a和$b:①$a%$b得余数$c;②若$c==0,则$b即为两数的最大公约数;③若$c≠0,则$a=$b,$b=$c,再回去执行①。

【设计】

```
<body>
    <form id="form1" name="form1" method="post" action="">
        <label for="textfield"></label>
        <input type="text" name="sz1" id="textfield" />
```

```
        <label for="textfield2"></label>
        <input type="text" name="sz2" id="textfield2" />
        <input type="submit" name="tj" id="button" value="提交" />
    </form>
    <? PHP
        if(isset($_POST["tj"]))
        {  $i=($_POST["sz1"]);
           $j=($_POST["sz2"]);
           $a=$i;
           $b=$j;
           $c=floor($a%$b);
           While($c!=0)
           {  $a=$b;
              $b=$c;
              $c=floor($a%$b);}
           $d=$i*$j/$b;
           Echo "最大公约数是：$b";
           Echo "最小公倍数是：$d";}
        ?></body>
```

4. 分析和设计如下。

【分析】

对于一个正整数，我们可以利用 2 到这个数的算术平方根之间的所有整数去除这个数，如果其中某个数能将其整除，说明它不是一个素数；如果这个范围内的数都不能将之整除，说明它是一个素数。

【设计】

```
<body>
    <form id="form1" name="form1" method="post" action="">
        <label for="textfield"></label>
        <label for="textfield2"></label>
        <input type="text" name="sz" id="textfield2" />
        <input type="submit" name="tj" id="button" value="提交" />
    </form>
    <? PHP
        Function sushu($a)
        {  $f=0;
           For($i=2;$i<Floor(Sqrt($a));$i++)
           {  If($a%$i==0)
              {  $f=1;break;}
           }
           if($f==1)
               return 0;
           return 1;
        }

        if(isset($_POST["tj"]))
        {  $s=    $_POST["sz"];
           if (sushu($s)==1)
               echo "$s 是一个素数";
```

```
            else
                echo "$s 不是一个素数";
        }?>
</body>
```

B.9 第9章习题解答

一、填空题

1. ① 站点 ② 文档类型 ③ 测试服务器 ④ 记录集
2. ① Connections ② PHP
3. ① MySQL_Connect/MySQL_Pconnect ② MySQL_Close
4. Set Names '字符集'
5. ① 记录集 ② 数据库查询
6. ① 绑定 ② + ③ 记录集(查询)
7. ① HTML 表单 ② “插入记录”服务器行为
8. ① $_GET ② $_POST
9. ① MySQL_Query ② 服务器

二、单选题

1. C 2. B 3. C 4. B 5. D 6. A
7. D 8. B

三、多选题

1. AB 2. BE 3. CDE 4. AD 5. CD

四、程序填空题

1. ① RCZP.PHP ② rczp ③ MySQL_Pconnect
2. ① Connections ② $_GET ③ $mc
3. ① 笔试+面试 ② while ③ 总分

五、程序结果题

1. ① 数据库 ② 高数 ③ 外语

B.10 第10章习题解答

一、填空题

1. ① 一组 SQL 语句 ② 触发器 ③ 事件 ④ 存储过程 ⑤ 存储函数

2. ① Begin ② End ③ 多条
3. ①Declare ② 类型 ③ 默认值
4. ① Set ② 定义它的过程体中 ③ @
5. ① 变量 ② into <变量名表> ③ 1
6. ① 游标 ② 记录集 ③ 存储过程 ④ 存储函数
7. ① Declare ② Open <游标名称> ③ Fetch…into
   ④ Close <游标名称>
8. ①if ② Case ③ While ④ Repeat ⑤ Loop
9. ① 有序 SQL 语句的集合 ② 数据库
10. ① Call ② 实际参数 ③ 实参 ④ 形参
11. ① In ② Out ③InOut ④ Returns
12. ① 数据表 ②Update ③Insert ④ Delete
13. ① Create Trigger ② Before ③ After ④ 数据表 ⑤ 临时表 ⑥ 视图
14. ① Show Triggers ② Drop Trigger
15. ① 特定时间周期 ② 事件调度器 ③Event_Scheduler ④True
   ⑤ 1 ⑥ my.ini

二、单选题

1. D　2. C　3. A　4. C　5. B　6. D
7. B　8. C　9. C　10. D　11. B　12. D
13. C　14. D

三、多选题

1. ACDE　2. ABE　3. BE　4. AF　5. ACD　6. BCE
7. ABC　8. ABE　9. ABCE　10. BDE　11. ABE　12. ABDF

四、程序填空题

1. ① Delimiter ② Procedure ③ Update
2. ① Function ② Returns Int ③ 姓名=xm
3. ① Trigger ② After ③ For Each Row ④ @countrs+1
4. ① On Schedule ② Starts ③ Do

B.11 第 11 章习题解答

一、填空题

1. 会话
2. ① 维护 ② 会话机制

3. 无状态
4. ① Cookie ② Session
5. 头部
6. 客户端
7. 服务器端
8. Session
9. ① 程序 ② 系统自动
10. 1
11. Session_Start
12. Unset
13. Session_Destroy

二、单选题

1. D 2. B 3. B 4. C 5. B 6. C
7. B 8. B 9. A 10. D

三、多选题

1. DE 2. BCE 3. DE 4. BC 5. ACDE

参考文献

[1] 宋长龙，等.大学计算机[M].4 版.北京：高等教育出版社，2019.

[2] 未来科技. PHP 从零基础到项目实战 [M]. 北京：水利水电出版社，2023.

[3] 刘春茂. PHP+MySQL 动态网站开发案例课堂[M].3 版.北京：清华大学出版社，2022.

[4] 王维哲，等. PHP+MySQL 动态网站开发实例教程[M]. 2 版. 北京：清华大学出版社，2022.

[5] 教育部教育考试院. 2023 全国计算机等级考试二级教程——MySQL 数据库程序设计[M].北京：高等教育出版社，2023.

[6] 施莹，等. PHP +MySQL 项目实例开发[M].北京：清华大学出版社，2014.

[7] 软件开发技术联盟. PHP +MySQL 开发实战[M].北京：清华大学出版社，2013.

[8] 李晓斌. PHP +MySQL +Dreamweaver 网站建设全程揭秘[M].北京：清华大学出版社，2014.

图书资源支持

感谢您一直以来对清华版图书的支持和爱护。为了配合本书的使用，本书提供配套的资源，有需求的读者请扫描下方的“书圈”微信公众号二维码，在图书专区下载，也可以拨打电话或发送电子邮件咨询。

如果您在使用本书的过程中遇到了什么问题，或者有相关图书出版计划，也请您发邮件告诉我们，以便我们更好地为您服务。

我们的联系方式：

清华大学出版社计算机与信息分社网站：https://www.shuimushuhui.com/

地　　址：北京市海淀区双清路学研大厦 A 座 714

邮　　编：100084

电　　话：010-83470236　010-83470237

客服邮箱：2301891038@qq.com

QQ：2301891038（请写明您的单位和姓名）

资源下载：关注公众号“书圈”下载配套资源。

资源下载、样书申请

书圈

图书案例

清华计算机学堂

观看课程直播